フーリエ解析ミニマム

石井忠男 著

大学教育出版

序

　フーリエ解析ミニマムは，理・工系の学部学生がフーリエ．ラプラス変換について，平易に学べるよう書かれたものである．数学的形式にとらわれず，理・工科系の実用数学として読みやすいように工夫されている．

　理・工系数学で最も基本となる微分方程式，フーリエ解析，複素解析，ベクトル解析の中から，特に，フーリエ解析について全体を把握しながら小本にまとめたものである．多くの量の教材を学ぶのは，理解を妨げるきらいがあり，できるだけ少量の題材で，詳細かつ平易に述べることを試みた．

　内容はフーリエ級数，フーリエ変換，偏微分方程式のフーリエ解析，ラプラス変換からなっている．ラプラス変換を用いた応用として，常微分方程式も一部扱っている．フーリエ変換の一部および逆ラプラス変換で複素関数論を用いた（＊ を付した）部分もあるが，初めての読者はとばして読んでよい．

　演習のための各小節の問題は講義時間にあわせ少量とし，比較的優しい問題を選んである．時間的余裕のある場合を想定して，演習問題を各章末に用意した．いずれも，独学できるよう詳細な解答を付した．できる限り各自で解くことが肝要であるが，参考にして欲しい．なお，本書を学ぶために必要かつ最小限の数学公式を，付録として巻末につけた．なかには，高等学校で学んだ公式もあるが，大学初年度で十分学べるよう配慮した．

2005年9月

本書の使い方

　序にも記したように，本書は自ら学習できるように構成されているが，用いた記号等について，下記に示しておく．

1．各章末には練習問題を，【1】の番号をつけて用意した．本文中で特に参考にする場合は，練習問題【1】として参照した．

2．ベクトルは太文字で表した：例　$\boldsymbol{a}, \boldsymbol{b}, \boldsymbol{c}$．

3．共役複素は，右肩に＊で示した：例　f の共役複素数は f^*．

4．節の引用には § を用いた．

5．定義をする場合は，≡を用いた部分もある．

6．本文中で特に注釈が必要な場合は，該当部分の右肩に＊を付し，脚注に示した．

7．自然対数は ln を，指数関数は e を用いた．

目 次

序   i

1 フーリエ級数

1.1 フーリエ級数   1
    区分的になめらか   2
    フーリエ係数   3
    偶関数と奇関数   6
    フーリエ正弦級数と余弦級数   8
    直交性と完備性   11
    周期 2π の関数のフーリエ級数   13

1.2 複素フーリエ級数   16

1.3 項別積分と項別微分   19
    項別積分   19
    項別微分   21

1.4 有限フーリエ級数   23

    練習問題 1   26
    問題解答   28
    練習問題 1 解答   37

2 フーリエ変換

2.1 フーリエ積分   42
    フーリエ変換と逆フーリエ変換   42

2.2 フーリエ余弦変換と正弦変換   47

2.3 フーリエ変換の基本法則   49

2.4 合成積とパーセバル-プランシュレルの等式   50
    合成積（たたみこみ）   50
    パーセバル-プランシュレルの等式   51

2.5 特殊な関数   53
    デルタ関数   53
    コーシーの主値とデルタ関数   56

    練習問題 2   59
    問題解答   61
    練習問題 2 解答   67

3 偏微分方程式のフーリエ解析

- 3.1 波動方程式の境界値問題とフーリエ級数 … 73
  - 両端固定の弦の振動 … 73
  - 変数分離法 … 74
  - 重ね合わせの原理 … 75
- 3.2 熱伝導方程式の初期値問題とフーリエ変換 … 77
- 3.3 熱伝導方程式のグリーン関数による解法 … 80
  - グリーン関数 … 81
  - グリーン関数の応用 … 82
  - 熱源を含む3次元熱伝導方程式 … 83

  - 練習問題3 … 84
  - 問題解答 … 85
  - 練習問題3解答 … 87

4 ラプラス変換

- 4.1 ラプラス変換 … 91
  - 基本公式 … 92
- 4.2 ラプラス変換の基本法則 … 97
  - 合成積とラプラス変換 … 99
- 4.3 逆ラプラス変換 … 100
  - 部分分数の方法 … 101
  - ヘビサイドの展開定理 … 102
- 4.4 *逆ラプラス変換 … 105

  - 練習問題4 … 108
  - 問題解答 … 110
  - 練習問題4解答 … 115

- 付録A マクローリン展開とオイラーの公式 … 120
- 付録B 数学公式 … 122
- 付録C ギリシャ文字 … 129

- 索引 … 130

1 フーリエ級数

1.1 フーリエ級数

周期 2ℓ の関数 $f(x)$ が区間 $-\ell \le x \le \ell$ で区分的になめらか*なとき

$$f(x) = \frac{a_0}{2} + \sum_{n=1}^{\infty}\left(a_n \cos\frac{n\pi x}{\ell} + b_n \sin\frac{n\pi x}{\ell}\right) \tag{1.1}$$

と展開できる．不連続点 $x = x_0$ における (1.1) の右辺の値は

$$f(x) = \frac{1}{2}\{f(x_0+0) + f(x_0-0)\}, \quad x = x_0 \tag{1.2}$$

に収束する（図1.1）．$f(x_0+0)$ は $x = x_0$ における右極限値，$f(x_0-0)$ は左極限値である（図1.2(a)）．(1.1) をフーリエ級数，係数 $\{a_0, a_n, b_n\}$ をフーリエ係数とよぶ．**

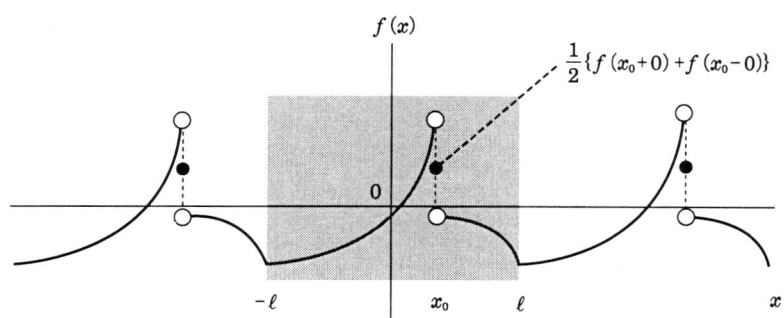

図1.1　周期2ℓの周期関数：$f(x+2\ell) = f(x)$

* 以下，特に断らない限りこの条件を満足するものとする（次頁参照）．** p.3.

区分的になめらか

区間 $[a,b]$ で区分的に連続（図1.2(a)）*

(1) 関数 $f(x)$ は，区間 $[a,b]$ の有限個の点を除いて連続である．

(2) 不連続点 $x=x_0 \in [a,b]$ では右極限値 $f(x_0+0)$ および左極限値 $f(x_0-0)$ が存在する．

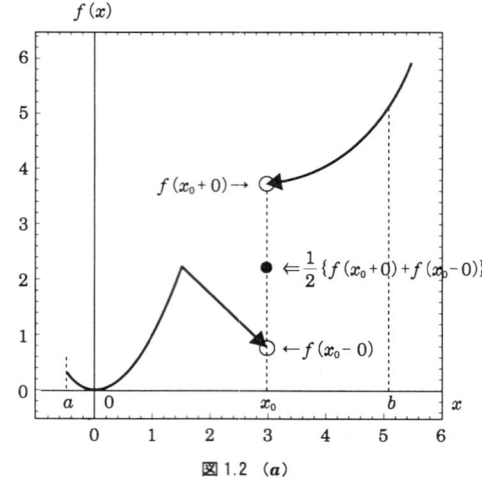

図 1.2 (a)

区間 $[a,b]$ で区分的になめらか

$[a,b]$ で定義された関数 $f(x)$ およびその導関数 $f'(x)$ が区分的に連続である．

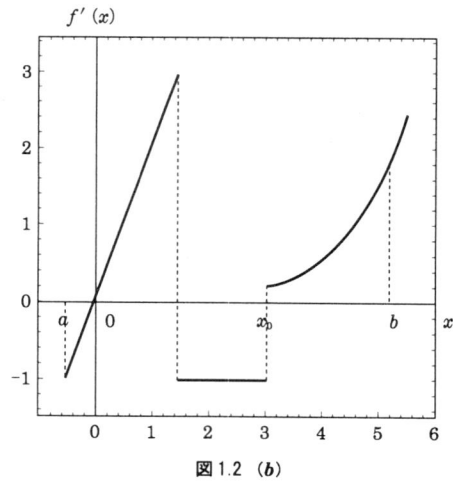

図 1.2 (b)

---

* $[a,b]$ は閉区間 $a \leq x \leq b$ を，$x \in [a,b]$ は $[a,b]$ に属する（の範囲にある）x を意味する．

フーリエ係数

> (1.1) のフーリエ係数 $\{a_0, a_n, b_n\}$ は次式で与えられる.
>
> $$a_0 = \frac{1}{\ell}\int_{-\ell}^{\ell} f(x)\,dx$$
>
> $$a_n = \frac{1}{\ell}\int_{-\ell}^{\ell} f(x)\cos\frac{n\pi x}{\ell}\,dx, \quad n = 1, 2, 3, \ldots \qquad (1.3)$$
>
> $$b_n = \frac{1}{\ell}\int_{-\ell}^{\ell} f(x)\sin\frac{n\pi x}{\ell}\,dx, \quad n = 1, 2, 3, \ldots$$

$f(x)$ が (1.1) のフーリエ級数で表されるとき,フーリエ係数は $f(x)$ を用いて (1.3) のように表される.

【a_0 の導出】 (1.1) の両辺を $-\ell < x < \ell$ で積分する.

$$\int_{-\ell}^{\ell}\cos\frac{n\pi x}{\ell}\,dx = 0, \quad n = 1, 2, 3, \ldots$$
$$\int_{-\ell}^{\ell}\sin\frac{n\pi x}{\ell}\,dx = 0, \quad n = 0, 1, 2, 3, \ldots \qquad (1.4)$$

であるから

$$\int_{-\ell}^{\ell} f(x)\,dx = \int_{-\ell}^{\ell}\frac{a_0}{2}\,dx + \sum_{n=1}^{\infty}\left(a_n\int_{-\ell}^{\ell}\cos\frac{n\pi x}{\ell}\,dx + b_n\int_{-\ell}^{\ell}\sin\frac{n\pi x}{\ell}\,dx\right)$$

$$= \frac{a_0}{2}\int_{-\ell}^{\ell} dx = \ell\, a_0$$

> $$\therefore\quad a_0 = \frac{1}{\ell}\int_{-\ell}^{\ell} f(x)\,dx$$

【$a_n\ (n=1,2,3,\ldots)$ の導出】 (1.1) の両辺に $\cos\dfrac{m\pi x}{\ell}$ ($m>0$ の整数) をかけて $-\ell < x < \ell$ で積分する.

$$\int_{-\ell}^{\ell} f(x)\cos\frac{m\pi x}{\ell}\,dx = \frac{a_0}{2}\int_{-\ell}^{\ell}\cos\frac{m\pi x}{\ell}\,dx$$
$$+ \sum_{n=1}^{\infty}\left(a_n\int_{-\ell}^{\ell}\cos\frac{n\pi x}{\ell}\cos\frac{m\pi x}{\ell}\,dx + b_n\int_{-\ell}^{\ell}\sin\frac{n\pi x}{\ell}\cos\frac{m\pi x}{\ell}\,dx\right) \qquad ①$$

1.フーリエ級数

(1.4) および

$$\int_{-\ell}^{\ell} \sin\frac{n\pi x}{\ell} \cos\frac{m\pi x}{\ell} dx = \frac{1}{2}\int_{-\ell}^{\ell}\left\{\sin\frac{(n+m)\pi x}{\ell} + \sin\frac{(n-m)\pi x}{\ell}\right\}dx = 0 \tag{1.5}$$

$$\int_{-\ell}^{\ell} \cos\frac{n\pi x}{\ell} \cos\frac{m\pi x}{\ell} dx = \frac{1}{2}\int_{-\ell}^{\ell}\left\{\cos\frac{(n-m)\pi x}{\ell} + \cos\frac{(n+m)\pi x}{\ell}\right\}dx = \begin{cases}\ell, & n=m \\ 0, & n\neq m\end{cases} \quad ②$$

を用いて，① は

$$\int_{-\ell}^{\ell} f(x)\cos\frac{m\pi x}{\ell}dx = \sum_{n=1}^{\infty} a_n \int_{-\ell}^{\ell}\cos\frac{n\pi x}{\ell}\cos\frac{m\pi x}{\ell}dx = a_m \ell$$

ゆえに

$$a_m = \frac{1}{\ell}\int_{-\ell}^{\ell} f(x)\cos\frac{m\pi x}{\ell}dx, \quad m=1,2,3,\ldots$$

ここで，クロネッカーのデルタ関数 δ_{nm} を導入しよう．この関数は $n=m$ のとき 1 を，$n\neq m$ のとき 0 をとる：

$$\delta_{nm} = \begin{cases}1, & n=m \\ 0, & n\neq m\end{cases}$$

したがって，② は簡潔に次のように書ける．

$$\int_{-\ell}^{\ell} \cos\frac{n\pi x}{\ell} \cos\frac{m\pi x}{\ell} dx = \ell\begin{cases}1, & n=m \\ 0, & n\neq m\end{cases} = \ell\delta_{nm} \tag{1.6}$$

【$b_n\ (n=1,2,3,\ldots)$ の導出】 (1.1) の両辺に $\sin\frac{m\pi x}{\ell}\ (m>0)$ をかけて $-\ell<x<\ell$ で積分する．

$$\int_{-\ell}^{\ell} f(x)\sin\frac{m\pi x}{\ell}dx = \frac{a_0}{2}\int_{-\ell}^{\ell}\sin\frac{m\pi x}{\ell}dx$$
$$+ \sum_{n=1}^{\infty}\left(a_n\int_{-\ell}^{\ell}\cos\frac{n\pi x}{\ell}\sin\frac{m\pi x}{\ell}dx + b_n\int_{-\ell}^{\ell}\sin\frac{n\pi x}{\ell}\sin\frac{m\pi x}{\ell}dx\right) \quad ③$$

(1.4), (1.5) および

$$\int_{-\ell}^{\ell} \sin\frac{n\pi x}{\ell}\sin\frac{m\pi x}{\ell}dx = \frac{1}{2}\int_{-\ell}^{\ell}\left\{\cos\frac{(n-m)\pi x}{\ell} - \cos\frac{(n+m)\pi x}{\ell}\right\}dx = \ell\delta_{nm} \tag{1.7}$$

を用いて，③ は

$$\int_{-\ell}^{\ell} f(x)\sin\frac{m\pi x}{\ell}dx = \sum_{n=1}^{\infty} b_n \int_{-\ell}^{\ell} \sin\frac{n\pi x}{\ell}\sin\frac{m\pi x}{\ell}dx = b_m \ell$$

ゆえに

$$b_m = \frac{1}{\ell}\int_{-\ell}^{\ell} f(x)\sin\frac{m\pi x}{\ell}dx, \quad m = 1, 2, 3, \ldots$$

得られた係数 (1.3) を用いて，フーリエ級数は次式で表される．

$$\frac{a_0}{2} + \sum_{n=1}^{\infty}\left(a_n \cos\frac{n\pi x}{\ell} + b_n \sin\frac{n\pi x}{\ell}\right) = \begin{cases} f(x) \\ \frac{1}{2}\{f(x_0+0) + f(x_0-0)\}, \quad x = x_0 \text{ （不連続点）} \end{cases}$$

問題 1　関数が区間 $(-\ell, \ell)$ * で定義されている．周期 2ℓ の関数として（　）内のフーリエ係数を求めよ．

(1)　$f(x) = 1 \quad (a_0, \ a_n, \ b_n)$

(2)　$f(x) = |x| \quad (b_n)$

(3)　$f(x) = x \quad (a_0, \ b_n)$

(4)　$f(x) = \begin{cases} 1, & 0 < x < \ell \\ 0, & -\ell < x < 0 \end{cases} \quad (a_0, \ a_n, \ b_n)$

(5)　$f(x) = \cos^2 ax, \quad a \neq 0 \quad (a_0)$

---

* (a, b) は開区間 $a < x < b$ を意味する．

1．フーリエ級数

偶関数と奇関数

> 偶関数は y 軸に対して対称,奇関数は原点に対して対称な関数である.
> $$偶関数 : f(-x) = f(x)$$
> $$奇関数 : f(-x) = -f(x)$$

例えば,$f(x) = |x|$ は偶関数(図1.3(a))で,$f(x) = x$ は奇関数(図1.3(b))である.

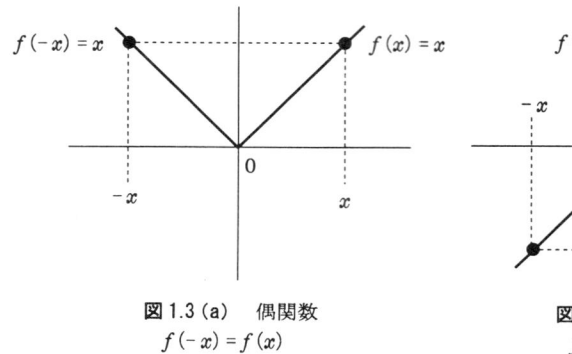
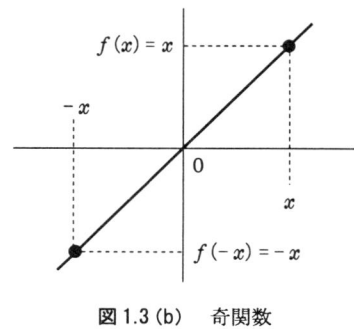

図1.3 (a) 偶関数
$f(-x) = f(x)$

図1.3 (b) 奇関数
$f(-x) = -f(x)$

<u>偶関数と奇関数の積分</u>

関数 $f(x)$ が $[-\ell, \ell]$ で定義されているとする.このとき,区間 $(-\ell, 0)$ における積分は

$$\int_{-\ell}^{0} f(x)dx \underset{x'=-x}{=} -\int_{\ell}^{0} f(-x')dx'$$

$$= \int_{0}^{\ell} f(-x')dx' = \begin{cases} \int_{0}^{\ell} f(x)dx, & 偶関数 \\ -\int_{0}^{\ell} f(x)dx, & 奇関数 \end{cases}$$

これより $(-\ell, \ell)$ における積分は

$$\int_{-\ell}^{\ell} f(x)dx = \int_{-\ell}^{0} f(x)dx + \int_{0}^{\ell} f(x)dx = \begin{cases} 2\int_{0}^{\ell} f(x)\,dx, & 偶関数 \\ 0, & 奇関数 \end{cases} \tag{1.8}$$

【例１】 $f(x) = x\ (-\ell < x < \ell)$ のフーリエ級数を求めよ（図1.4）．

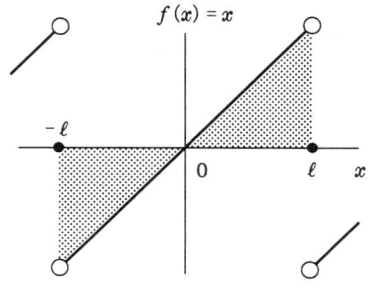

図1.4 奇関数

【解】 x は奇関数 $f(-x) = -f(x)$ であるから，$-\ell < x < \ell$ の積分はゼロを与える（図1.4）．(1.8) を用いて

$$a_0 = \frac{1}{\ell}\int_{-\ell}^{\ell} x\,dx = 0 \qquad ①$$

また，$f(x)\cos\dfrac{n\pi x}{\ell}$ も $f(-x)\cos\dfrac{n\pi(-x)}{\ell} = -f(x)\cos\dfrac{n\pi x}{\ell}$ より奇関数である．したがって

$$a_n = \frac{1}{\ell}\int_{-\ell}^{\ell} x\cos\frac{n\pi x}{\ell}dx = 0 \qquad ②$$

一方，$f(x)\sin\dfrac{n\pi x}{\ell}$ は $f(-x)\sin\dfrac{n\pi(-x)}{\ell} = f(x)\sin\dfrac{n\pi x}{\ell}$ で偶関数である．これから

$$\begin{aligned}
b_n &= \frac{1}{\ell}\int_{-\ell}^{\ell} x\sin\frac{n\pi x}{\ell}dx = \frac{2}{\ell}\int_{0}^{\ell} x\sin\frac{n\pi x}{\ell}dx \\
&= \frac{2}{\ell}\left\{-\frac{\ell}{n\pi}x\cos\frac{n\pi x}{\ell}\bigg|_0^{\ell} + \frac{\ell}{n\pi}\int_0^{\ell}\cos\frac{n\pi x}{\ell}dx\right\} \qquad ③\\
&= \frac{2}{\ell}\left\{-\frac{\ell}{n\pi}\ell\cos n\pi + 0\right\} = -\frac{2\ell}{n\pi}(-1)^n
\end{aligned}$$

ここで，関係式

$$\cos n\pi = (-1)^n \tag{1.9}$$

を用いた．①―③ を (1.1) に代入して，フーリエ級数は

$$f(x) = \frac{2\ell}{\pi}\sum_{n=1}^{\infty}-\frac{1}{n}(-1)^n\sin\frac{n\pi x}{\ell} = \frac{2\ell}{\pi}\left(\sin\frac{\pi x}{\ell} - \frac{1}{2}\sin\frac{2\pi x}{\ell} + \frac{1}{3}\sin\frac{3\pi x}{\ell} - \cdots\right) \qquad ④$$

<u>不連続点における値</u>　例えば $x = \pm\ell$ のとき，④ の右辺は $f(\pm\ell) = 0$ を与える．一方，与えられた関数（図1.4）から，(1.2) は

$$f(x = \pm\ell) = \frac{1}{2}\{f(\pm\ell+0) + f(\pm\ell-0)\} = 0 \qquad ⑤$$

となり，④ の右辺と一致する．

フーリエ正弦級数と余弦級数

例1のように，$f(x)$ が奇関数の場合は $a_n = 0\,(n = 0,1,2,...)$ となり，級数は正弦関数のみからなる（④）．これをフーリエ正弦級数という．

$$\begin{aligned}f(x) &= \sum_{n=1}^{\infty} b_n \sin\frac{n\pi x}{\ell} \\ b_n &= \frac{2}{\ell}\int_0^\ell f(x)\sin\frac{n\pi x}{\ell}dx, \quad n = 1, 2, 3,...\end{aligned} \qquad (1.10)$$

偶関数の場合は $b_n = 0\,(n = 1,2,...)$ を与え，級数は余弦関数からなる．これをフーリエ余弦級数という（p.10 の問題2の(2)-2．）．

$$\begin{aligned}f(x) &= \frac{a_0}{2} + \sum_{n=1}^{\infty} a_n \cos\frac{n\pi x}{\ell} \\ a_n &= \frac{2}{\ell}\int_0^\ell f(x)\cos\frac{n\pi x}{\ell}dx, \quad n = 0, 1, 2, 3,...\end{aligned} \qquad (1.11)$$

フーリエ級数の部分和と不連続点近傍における収束

$f(x) = x$ ($-\pi < x < \pi$) のフーリエ級数は，④で $\ell = \pi$ とおいて

$$f(x) = 2\sum_{n=1}^{\infty} \frac{(-1)^{n+1}}{n} \sin nx = 2\left(\sin x - \frac{1}{2}\sin 2x + \frac{1}{3}\sin 3x - \cdots\right)$$

図1.5 はこのフーリエ級数の部分和 $S_n(x)$（⑥）を示す．(a) は $n = 2, 3$，(b) は $n = 200$，(c) は $n = 10000$ までの項の和である．図1.5 からわかるように，不連続点 $x = \pm\pi$ では 0 を通る．しかし，不連続点近傍では曲線 $f(x) = x$ に沿って異常に振動し，収束が悪い（ギブスの現象）．

$$S_n(x) = 2\sum_{k=1}^{n} \frac{(-1)^{k+1}}{k} \sin kx \qquad ⑥$$

$$S_2(x) = 2\left(\sin x - \frac{1}{2}\sin 2x\right)$$

$$S_3(x) = 2\left(\sin x - \frac{1}{2}\sin 2x + \frac{1}{3}\sin 3x\right)$$

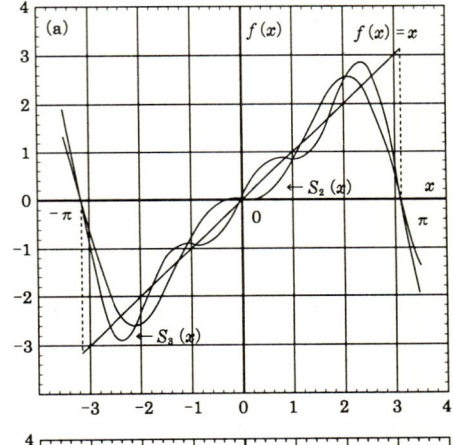

$$S_{200}(x) = 2\sum_{k=1}^{200} \frac{(-1)^{k+1}}{k} \sin kx$$

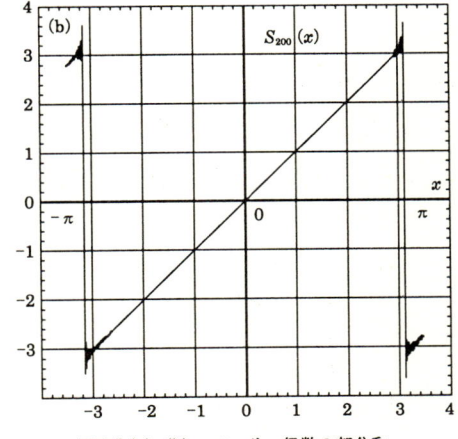

図1.5 (a), (b) フーリエ級数の部分和

1．フーリエ級数

$$S_{10000}(x) = 2\sum_{k=1}^{10000} \frac{(-1)^{k+1}}{k}\sin kx$$

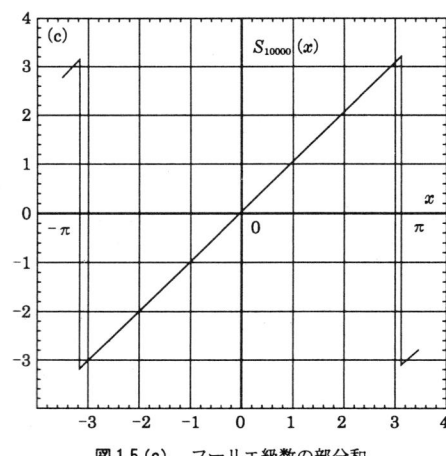

図1.5 (c) フーリエ級数の部分和

問題2 関数が区間 $(-\ell, \ell)$ で定義されている．フーリエ級数を求めよ．

(1) $f(x) = \begin{cases} x, & 0 \le x < \ell \\ 0, & -\ell < x < 0 \end{cases}$

(2) $f(x) = x, \quad 0 \le x < \ell$

　　1. $-\ell < x \le 0$ の領域で奇関数として接続せよ．

　　2. $-\ell < x \le 0$ の領域で偶関数として接続せよ．

(3) $f(x) = \begin{cases} 1, & 0 < x < \ell \\ 0, & -\ell < x < 0 \end{cases}$

(4) $f(x) = \begin{cases} 1, & 0 < x < \ell \\ -1, & -\ell < x < 0 \end{cases}$

(5) $f(x) = \begin{cases} \cos\pi x, & 0 < x < 1 \\ 0, & -1 < x < 0 \end{cases}, \quad \ell = 1$

直交性と完備性

> **直交性** 関係式 (1.4), (1.5), (1.6), (1.7) を直交関係という．
>
> **パーセバルの等式**
> $$\frac{1}{\ell}\int_{-\ell}^{\ell} f(x)^2 dx = \frac{a_0^2}{2} + \sum_{n=1}^{\infty}\left(a_n^2 + b_n^2\right) \qquad (1.12)$$
>
> (1.12) を帰結する直交関数列 $\{\varphi_n\}_{n=0}^{\infty} = \{1, \cos\frac{n\pi x}{\ell}, \sin\frac{n\pi x}{\ell}; \ n = 1, 2, 3, ...\}$ の性質を，**完備性**という．直交性と完備性を備えた関数列を完全直交関数系，または，完全直交系という．

関数 $f(x)$ が (1.1) のフーリエ級数で表されるとき，(1.12) が成立することを示そう．(1.1) の両辺に $\frac{1}{\ell}f(x)$ をかけて $-\ell < x < \ell$ で積分する．

$$\frac{1}{\ell}\int_{-\ell}^{\ell} f^2(x)dx = \frac{a_0}{2}\frac{1}{\ell}\int_{-\ell}^{\ell} f(x)dx + \sum_{n=1}^{\infty}\left(a_n \frac{1}{\ell}\int_{-\ell}^{\ell} f(x)\cos\frac{n\pi x}{\ell}dx + b_n \frac{1}{\ell}\int_{-\ell}^{\ell} f(x)\sin\frac{n\pi x}{\ell}dx\right)$$

$$= \frac{a_0^2}{2} + \sum_{n=1}^{\infty}\left(a_n^2 + b_n^2\right)$$

ここで，(1.3) を用いた．完備性とは関数 $f(x)$ を表すのに，必要十分な関数列を意味する．したがって，関数列の1つ（例えば $\cos(\frac{5\pi x}{\ell})$）が欠けても表せないし，あるいは，余分に加える関数も存在しないことを意味する．

完全正規直交系

$[-\ell, \ell]$ で定義された関数列

$$\{\frac{1}{\sqrt{2\ell}}, \frac{1}{\sqrt{\ell}}\cos(\frac{\pi x}{\ell}), \frac{1}{\sqrt{\ell}}\cos(\frac{2\pi x}{\ell}), \frac{1}{\sqrt{\ell}}\cos(\frac{3\pi x}{\ell}),..., \frac{1}{\sqrt{\ell}}\cos(\frac{n\pi x}{\ell}),..$$
$$..., \frac{1}{\sqrt{\ell}}\sin(\frac{\pi x}{\ell}), \frac{1}{\sqrt{\ell}}\sin(\frac{2\pi x}{\ell}), \frac{1}{\sqrt{\ell}}\sin(\frac{3\pi x}{\ell}),..., \frac{1}{\sqrt{\ell}}\sin(\frac{m\pi x}{\ell}),...\} \qquad (1.13)$$

は次の性質をもつ．

1．フーリエ級数

(1) 相異なる 2 関数の積の $-\ell < x < \ell$ における積分は 0 である．
(2) 各関数の 2 乗の $-\ell < x < \ell$ における積分は 1 である．

例えば，$\dfrac{1}{\sqrt{\ell}}\cos(\dfrac{m\pi x}{\ell})$ と $\dfrac{1}{\sqrt{\ell}}\sin(\dfrac{n\pi x}{\ell})$ の積の積分は (1.5) から

$$\int_{-\ell}^{\ell} \dfrac{1}{\sqrt{\ell}}\cos(\dfrac{m\pi x}{\ell})\dfrac{1}{\sqrt{\ell}}\sin(\dfrac{n\pi x}{\ell})dx = \dfrac{1}{\ell}\int_{-\ell}^{\ell}\cos(\dfrac{m\pi x}{\ell})\sin(\dfrac{n\pi x}{\ell})dx = 0$$

$\dfrac{1}{\sqrt{\ell}}\cos(\dfrac{m\pi x}{\ell})$ の 2 乗の積分は (1.6) から

$$\int_{-\ell}^{\ell} \left(\dfrac{1}{\sqrt{\ell}}\cos(\dfrac{n\pi x}{\ell})\right)^2 dx = 1$$

このような関数系のことを正規直交系という．正規直交系は1に規格化された直交系のことである．また，この関数列が完備性を備えているとき，完全正規直交系という．上記関数列は完全正規直交系の例である．

問題 3 (1.13) の関数列において，次の積分を計算せよ．

$\ell = \pi$ のとき

(1) $\dfrac{1}{\ell}\displaystyle\int_{-\ell}^{\ell}\cos(\dfrac{\pi x}{\ell})\sin(\dfrac{2\pi x}{\ell})dx$

(2) $\dfrac{1}{\ell}\displaystyle\int_{-\ell}^{\ell}\cos(\dfrac{\pi x}{\ell})\cos(\dfrac{2\pi x}{\ell})dx$

(3) $\dfrac{1}{\ell}\displaystyle\int_{-\ell}^{\ell}\sin(\dfrac{\pi x}{\ell})\sin(\dfrac{2\pi x}{\ell})dx$

$\ell = 1$ のとき

(4) $\dfrac{1}{\ell}\displaystyle\int_{-\ell}^{\ell}\cos(\dfrac{\pi x}{\ell})\cos(\dfrac{2\pi x}{\ell})dx$

$\ell \neq 1$ のとき

(5) $\dfrac{1}{\ell}\displaystyle\int_{-1}^{1}\cos(\dfrac{\pi x}{\ell})\cos(\dfrac{2\pi x}{\ell})dx$

周期 2π の関数のフーリエ級数

周期 2π の関数 $f(x)$ が区間 $-\pi \leq x \leq \pi$ で区分的になめらかなとき，$f(x)$ は (1.1) で $\ell = \pi$ とおいて

$$f(x) = \frac{a_0}{2} + \sum_{n=1}^{\infty}\left(a_n \cos nx + b_n \sin nx\right) \tag{1.14}$$

$$\begin{aligned} a_0 &= \frac{1}{\pi}\int_{-\pi}^{\pi} f(x)\,dx \\ a_n &= \frac{1}{\pi}\int_{-\pi}^{\pi} f(x)\cos nx\,dx, \quad n=1,2,3,\ldots \\ b_n &= \frac{1}{\pi}\int_{-\pi}^{\pi} f(x)\sin nx\,dx, \quad n=1,2,3,\ldots \end{aligned} \tag{1.15}$$

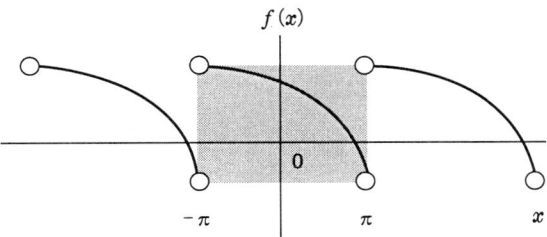

図1.6 2π の周期関数

ただし，不連続点 $x = x_0$ では
$$f(x) = \frac{1}{2}\{f(x_0 + 0) + f(x_0 - 0)\} \quad (\text{図1.6 では，} x_0 = \pm\pi, \ldots)$$

問題4 次の関数のフーリエ級数を求めよ．

(1) $f(x) = |x|, \quad -\pi \leq x \leq \pi$

(2) $f(x) = \begin{cases} -\dfrac{1}{2}(x+\pi), & -\pi \leq x < 0 \\ -\dfrac{1}{2}(x-\pi), & 0 < x \leq \pi \end{cases}$

【例2】 $f(x) = x^2$ を $(0, 2\pi)$ においてフーリエ級数に展開し

$$\sum_{n=1}^{\infty} \frac{1}{n^2} = \frac{\pi^2}{6}$$

を示せ．

【解】 $f(x)$ を 2π の周期関数として拡張し，改めて次の関数 $\tilde{f}(x)$ を定義する．

$$\tilde{f}(x) = \begin{cases} f(x+2\pi), & -\pi \leq x < 0 \\ f(x), & 0 < x \leq \pi \end{cases}$$

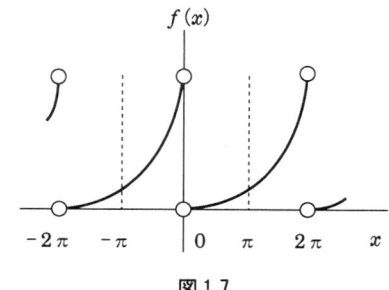

図 1.7

フーリエ係数は

$$a_0 = \frac{1}{\pi}\int_{-\pi}^{\pi}\tilde{f}(x)\,dx = \frac{1}{\pi}\int_{-\pi}^{0}f(x+2\pi)\,dx + \frac{1}{\pi}\int_{0}^{\pi}f(x)\,dx$$
$$= \frac{1}{\pi}\int_{\pi}^{2\pi}f(x)\,dx + \frac{1}{\pi}\int_{0}^{\pi}f(x)\,dx = \frac{1}{\pi}\int_{0}^{2\pi}f(x)\,dx = \frac{1}{\pi}\int_{0}^{2\pi}x^2\,dx = \frac{8\pi^2}{3}$$

同様に

$$a_n = \frac{1}{\pi}\int_{-\pi}^{0}f(x+2\pi)\cos nx\,dx + \frac{1}{\pi}\int_{0}^{\pi}f(x)\cos nx\,dx = \frac{1}{\pi}\int_{0}^{2\pi}f(x)\cos nx\,dx$$
$$= \frac{1}{\pi}\int_{0}^{2\pi}x^2\cos nx\,dx = \frac{1}{\pi}\left(\left.\frac{x^2}{n}\sin nx\right|_{0}^{2\pi} - \frac{2}{n}\int_{0}^{2\pi}x\sin nx\,dx\right)$$
$$= \frac{1}{\pi}\left(\left.\frac{2x}{n^2}\cos nx\right|_{0}^{2\pi} - \frac{2}{n^2}\int_{0}^{2\pi}\cos nx\,dx\right) = \frac{4}{n^2}$$

同様に

$$b_n = \frac{1}{\pi}\int_{0}^{2\pi}x^2\sin nx\,dx = \frac{1}{\pi}\left(-\left.\frac{x^2}{n}\cos nx\right|_{0}^{2\pi} + \frac{2}{n}\int_{0}^{2\pi}x\cos nx\,dx\right)$$
$$= \frac{1}{\pi}\left(-\frac{4\pi^2}{n} + \left.\frac{2x}{n^2}\sin nx\right|_{0}^{2\pi} - \frac{2}{n^2}\int_{0}^{2\pi}\sin x\,dx\right) = -\frac{4\pi}{n}$$

したがって

$$\frac{4\pi^2}{3} + 4\sum_{n=1}^{\infty}\left(\frac{1}{n^2}\cos nx - \frac{\pi}{n}\sin nx\right)$$
$$= \begin{cases} x^2, & 0 < x < 2\pi \\ \frac{1}{2}\{f(x+0) + f(x-0)\} = 2\pi^2, & x = 0, 2\pi \end{cases} \quad ①$$

ここで，不連続点 $x = 0$ を ① の左辺に代入し

$$\frac{4\pi^2}{3} + 4\sum_{n=1}^{\infty}\frac{1}{n^2} = 2\pi^2 \quad \therefore \quad \sum_{n=1}^{\infty}\frac{1}{n^2} = \frac{\pi^2}{6}$$

問題 5　(1)　$f(x) = |x|$　$(-\pi \leq x \leq \pi)$　のフーリエ級数を求め（問題 4 の (1)）

$$\sum_{n=0}^{\infty}\frac{1}{(2n+1)^2} = \frac{\pi^2}{8}$$

を証明せよ．

次の関数のフーリエ級数を求めよ．

(2)　$f(x) = x$,　$0 < x < 2\pi$

1.2 複素フーリエ級数

> 周期 2ℓ の関数 $f(x)$ が区間 $-\ell \leq x \leq \ell$ で区分的になめらかなとき，関数 $f(x)$ は
> $$f(x) = \sum_{n=-\infty}^{\infty} c_n e^{i\frac{n\pi x}{\ell}}, \quad c_n = \frac{1}{2\ell}\int_{-\ell}^{\ell} f(x) e^{-i\frac{n\pi x}{\ell}} dx \qquad (1.16)$$
> と複素フーリエ級数に展開できる．

これまで，フーリエ級数を完全な三角関数の組を用いて議論してきた．しかし，いろいろな場合への応用は複素フーリエ級数を用いて議論することが多い．複素フーリエ級数を得るため，(1.1) を変形しよう．

<u>オイラーの公式</u>　$(\cos\theta, \sin\theta)$ と指数関数は

$$e^{i\theta} = \cos\theta + i\sin\theta$$
$$e^{-i\theta} = \cos\theta - i\sin\theta \qquad (1.17)$$

によって関係ずけられている（付録A）．これを，オイラーの公式という．ただし，i は虚数単位である．この式で $\theta = n\pi x/\ell$ とおいて

$$\cos\frac{n\pi x}{\ell} = \frac{e^{i\frac{n\pi x}{\ell}} + e^{-i\frac{n\pi x}{\ell}}}{2}, \quad \sin\frac{n\pi x}{\ell} = \frac{e^{i\frac{n\pi x}{\ell}} - e^{-i\frac{n\pi x}{\ell}}}{2i} \qquad (1.18)$$

(1.1) に代入すれば

$$f(x) = \frac{a_0}{2} + \sum_{n=1}^{\infty}\left(a_n \frac{e^{i\frac{n\pi x}{\ell}} + e^{-i\frac{n\pi x}{\ell}}}{2} + b_n \frac{e^{i\frac{n\pi x}{\ell}} - e^{-i\frac{n\pi x}{\ell}}}{2i}\right)$$

$$= \frac{a_0}{2} + \sum_{n=1}^{\infty}\left(\frac{1}{2}(a_n - ib_n)e^{i\frac{n\pi x}{\ell}} + \frac{1}{2}(a_n + ib_n)e^{-i\frac{n\pi x}{\ell}}\right)$$

①

と変形できる．① の係数は (1.3) の a_n, b_n を用いて

$$\frac{1}{2}(a_n - ib_n) = \frac{1}{2\ell}\int_{-\ell}^{\ell} f(x)\left(\cos\frac{n\pi x}{\ell} - i\sin\frac{n\pi x}{\ell}\right)dx$$

$$= \frac{1}{2\ell}\int_{-\ell}^{\ell} f(x) e^{-i\frac{n\pi x}{\ell}} dx \equiv c_n$$

$$\frac{1}{2}(a_n + ib_n) = \frac{1}{2\ell}\int_{-\ell}^{\ell} f(x)\left(\cos\frac{n\pi x}{\ell} + i\sin\frac{n\pi x}{\ell}\right)dx \qquad ②$$

$$= \frac{1}{2\ell}\int_{-\ell}^{\ell} f(x) e^{i\frac{n\pi x}{\ell}} dx = c_{-n}$$

$$\frac{a_0}{2} = \frac{1}{2\ell}\int_{-\ell}^{\ell} f(x) dx = c_0$$

①, ② から

$$f(x) = c_0 + \sum_{n=1}^{\infty} c_n e^{i\frac{n\pi x}{\ell}} + \sum_{n=1}^{\infty} c_{-n} e^{-i\frac{n\pi x}{\ell}}$$

$$= c_0 + \sum_{n=1}^{\infty} c_n e^{i\frac{n\pi x}{\ell}} + \sum_{n=-\infty}^{-1} c_n e^{i\frac{n\pi x}{\ell}} = \sum_{n=-\infty}^{\infty} c_n e^{i\frac{n\pi x}{\ell}}$$

となり，(1.16) が証明される．

1．フーリエ級数

【例3】次の関数の複素フーリエ級数を求めよ．

$$f(x) = \begin{cases} 0, & -\pi < x < 0 \\ 1, & 0 < x < \pi \end{cases}$$

【解】

$n = 0$ の場合

$$c_0 = \frac{1}{2\pi}\int_{-\pi}^{\pi} f(x)\,dx = \frac{1}{2\pi}\int_{-\pi}^{0} 0\,dx + \frac{1}{2\pi}\int_{0}^{\pi} 1\,dx$$

$$= \frac{1}{2\pi}\int_{0}^{\pi} dx = \frac{1}{2}$$

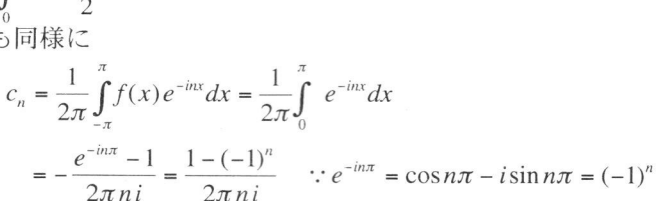

図 1.8

$n \neq 0$ の場合も同様に

$$c_n = \frac{1}{2\pi}\int_{-\pi}^{\pi} f(x) e^{-inx}\,dx = \frac{1}{2\pi}\int_{0}^{\pi} e^{-inx}\,dx$$

$$= -\frac{e^{-in\pi} - 1}{2\pi n i} = \frac{1 - (-1)^n}{2\pi n i} \quad \because e^{-in\pi} = \cos n\pi - i\sin n\pi = (-1)^n$$

((1.9), (1.17) 参照)．

以上から

$$f(x) = \frac{1}{2} + \sum_{\substack{n=-\infty \\ n\neq 0}}^{\infty} \frac{1 - (-1)^n}{2n\pi i} e^{inx} = \frac{1}{2} + \frac{1}{\pi i}\sum_{n=-\infty}^{\infty} \frac{1}{2n+1} e^{i(2n+1)x}$$

[参考] オイラーの公式 (1.17) を用いて正弦級数に書き換えれば

$$f(x) = \frac{1}{2} + \frac{1}{\pi i}(e^{ix} - e^{-ix}) + \frac{1}{3\pi i}(e^{i3x} - e^{-i3x}) + \ldots$$

$$= \frac{1}{2} + \frac{2}{\pi}\left\{\sin x + \frac{1}{3}\sin 3x + \ldots\right\}$$

不連続点 $x = 0, \pm\pi$ で，左辺は $f(0, \pm\pi, \ldots) = \frac{1}{2}(0 + 1) = \frac{1}{2}$，右辺も $\frac{1}{2}$ を与える．

問題6　次の関数の複素フーリエ級数を求めよ．

(1)　$f(x) = e^x, \quad -\pi < x < \pi$

(2)　$f(x) = \cos ax, \quad -\pi \leq x \leq \pi, \quad a : 非整数$

(3)　$f(x) = x, \quad 0 < x < 2\ell$

(4)　$f(x) = \begin{cases} 0, & -\ell < x \leq 0 \\ x, & 0 \leq x < \ell \end{cases}$ 　　(5)　$f(x) = \begin{cases} 0, & -1 < x < 0 \\ \cos \pi x, & 0 < x < 1 \end{cases}$

1.3 項別積分と項別微分

> **項別積分** 関数 $f(x)$ が閉区間 $[-\ell, \ell]$ で区分的に連続（積分可能）ならば，フーリエ係数(1.3)が求まる．このとき，$\sim$ を用いて $f(x)$ をフーリエ級数
>
> $$f(x) \sim \frac{a_0}{2} + \sum_{n=1}^{\infty}\left\{a_n \cos\frac{n\pi x}{\ell} + b_n \sin\frac{n\pi x}{\ell}\right\} \tag{1.19}$$
>
> で表わせば，(1.19) は $[-\ell, \ell]$ の任意の区間 $[0, x]$ で項別に積分可能であり，次式で与えられる：
>
> $$\int_0^x f(\xi)d\xi = \frac{a_0}{2}x + \sum_{n=1}^{\infty}\frac{\ell}{n\pi}\left\{a_n \sin\frac{n\pi x}{\ell} + b_n\left(1 - \cos\frac{n\pi x}{\ell}\right)\right\} \tag{1.20}$$

$f(x)$ が区分的になめらかならば，(1.1)のように，不連続点も含めて，フーリエ級数に展開できる．$f(x)$ が区分的に連続であるときは，(1.1)の右辺の形に表すことはできるが，収束するとはかぎらない．また，収束しても $f(x)$ に一致するとはかぎらない．このため，一般に，(1.19) のように等号ではなく $\sim$ が用いられる．

【証明】 $f(x)$ は区分的に連続である．閉区間 $[-\ell, \ell]$ で関数

$$g(x) = \int_0^x f(\xi)d\xi - \frac{a_0}{2}x \qquad ①$$

を定義すれば，$g(x)$ も区分的に連続である．したがって，$g(x)$，$g'(x)$ が区分的に連続であるから，$g(x)$ は区分的になめらかである．$g(x)$ を 2ℓ の周期関数とすれば

$$g(x) = \frac{\alpha_0}{2} + \sum_{n=1}^{\infty}\left\{\alpha_n \cos\frac{n\pi x}{\ell} + \beta_n \sin\frac{n\pi x}{\ell}\right\} \qquad ②$$

とフーリエ級数に展開できる．① は境界条件

$$g(0) = 0$$
$$g(\ell) - g(-\ell) = \int_{-\ell}^{\ell} f(\xi)d\xi - a_0\ell = 0 \qquad ③$$

を満たす．② のフーリエ係数は

$$\alpha_n = \frac{1}{\ell}\int_{-\ell}^{\ell} g(x)\cos\frac{n\pi x}{\ell}dx = \frac{1}{n\pi}g(x)\sin\frac{n\pi x}{\ell}\bigg|_{-\ell}^{\ell} - \frac{1}{n\pi}\int_{-\ell}^{\ell} g'(x)\sin\frac{n\pi x}{\ell}dx$$
$$= -\frac{1}{n\pi}\int_{-\ell}^{\ell}\left(f(x) - \frac{a_0}{2}\right)\sin\frac{n\pi x}{\ell}dx = -\frac{\ell}{n\pi}b_n \qquad ④$$

同様に ③ を用いて

$$\beta_n = \frac{1}{\ell}\int_{-\ell}^{\ell} g(x)\sin\frac{n\pi x}{\ell}dx$$
$$= \frac{1}{\ell}\left[-\frac{\ell}{n\pi}g(x)\cos\frac{n\pi x}{\ell}\bigg|_{-\ell}^{\ell} + \frac{\ell}{n\pi}\int_{-\ell}^{\ell} g'(x)\cos\frac{n\pi x}{\ell}dx\right] = \frac{\ell}{n\pi}a_n \qquad ⑤$$

また，α_0 は ②-④ から

$$g(0) = \frac{\alpha_0}{2} + \sum_{n=1}^{\infty}\alpha_n = 0 \quad \therefore \frac{\alpha_0}{2} = -\sum_{n=1}^{\infty}\alpha_n = \sum_{n=1}^{\infty}\frac{\ell}{n\pi}b_n \qquad ⑥$$

したがって，② に係数 ④-⑥ を代入すれば

$$g(x) = \sum_{n=1}^{\infty}\left\{\frac{\ell}{n\pi}a_n\sin\frac{n\pi x}{\ell} + \frac{\ell}{n\pi}b_n\left(1 - \cos\frac{n\pi x}{\ell}\right)\right\} \qquad ⑦$$

が得られる．⑦ の左辺に ① を用いて（1.20）が得られる．すなわち，(1.20) は (1.19) の両辺を項別に積分した結果である．

> **項別微分** 2ℓ を周期とする関数 $f(x)$ がいたるところ連続で，$f'(x)$ が閉区間 $[-\ell, \ell]$ で区分的になめらかであるとする．このとき，$f(x)$ のフーリエ級数を項別に微分でき
>
> $$f'(x) = \sum_{n=1}^{\infty} \frac{n\pi}{\ell}\left(-a_n \sin\frac{n\pi x}{\ell} + b_n \cos\frac{n\pi x}{\ell}\right) \qquad (1.21)$$
>
> ただし，不連続点 $x = x_0$ では，$\frac{1}{2}\{f'(x_0 + 0) + f'(x_0 - 0)\}$ である．

【証明】$f'(x)$ が $[-\ell, \ell]$ で区分的になめらかであるから，$f'(x)$ はフーリエ級数に展開できて

$$f'(x) = \frac{\alpha_0}{2} + \sum_{n=1}^{\infty}\left\{\alpha_n \cos\frac{n\pi x}{\ell} + \beta_n \sin\frac{n\pi x}{\ell}\right\} \qquad ①$$

$f(x)$ は連続な周期関数であるから，$f(\ell) = f(-\ell)$ である．したがって

$$\alpha_0 = \frac{1}{\ell}\int_{-\ell}^{\ell} f'(x)\,dx = 0$$

$$\alpha_n = \frac{1}{\ell}\int_{-\ell}^{\ell} f'(x)\cos\frac{n\pi x}{\ell}\,dx = \frac{1}{\ell}\left[f(x)\cos\frac{n\pi x}{\ell}\Big|_{-\ell}^{\ell} + \frac{n\pi}{\ell}\int_{-\ell}^{\ell} f(x)\sin\frac{n\pi x}{\ell}\,dx\right] = \frac{n\pi}{\ell}b_n \qquad ②$$

$$\beta_n = \frac{1}{\ell}\int_{-\ell}^{\ell} f'(x)\sin\frac{n\pi x}{\ell}\,dx = \frac{1}{\ell}\left[f(x)\sin\frac{n\pi x}{\ell}\Big|_{-\ell}^{\ell} - \frac{n\pi}{\ell}\int_{-\ell}^{\ell} f(x)\cos\frac{n\pi x}{\ell}\,dx\right] = -\frac{n\pi}{\ell}a_n$$

① と ② から (1.21) が得られる．つまり，(1.21) は

$$f(x) = \frac{a_0}{2} + \sum_{n=1}^{\infty}\left(a_n \cos\frac{n\pi x}{\ell} + b_n \sin\frac{n\pi x}{\ell}\right)$$

を項別に微分して得られた級数である．

1．フーリエ級数

問題 7

(1) 関数
$$f(x) = \begin{cases} -\cos x, & -\pi < x < 0 \\ \cos x, & 0 < x < \pi \end{cases}$$

のフーリエ級数を求め，項別積分により $g(x) = |\sin x|$ のフーリエ級数を求めよ．

(2) 次の関数のフーリエ級数に対して，項別微分可能かどうか調べよ．

1. $f(x) = |x|, \quad -\pi \leq x \leq \pi$
2. $f(x) = x, \quad -\pi < x < \pi$

1.4 有限フーリエ級数

> 区間 $0 \leq x < 2\ell$ 上の N 個の座標 $x = 0, a, 2a, ..., \kappa a, ..., (N-1)a$ で，N 個の関数 $f(x_\kappa)$ が与えられている：
>
> $$f(x_\kappa): \quad x_\kappa = \kappa a, \quad \kappa = 0, 1, 2, ..., N-1$$
>
> この関数を，$Na\,(=2\ell)$ の周期で $-\infty < x < \infty$ に接続する（図1.9）．このとき $f(x_\kappa)$ は次の級数で表される．
>
> $$f(x_\kappa) = \sum_{n=0}^{N-1} c_n e^{ik_n x_\kappa} \tag{1.22}$$
>
> $$c_n = \frac{1}{N} \sum_{\kappa=0}^{N-1} f(x_\kappa) e^{-ik_n x_\kappa} \tag{1.23}$$
>
> ただし
>
> $$k_n = \frac{n\pi}{\ell} = \frac{2n\pi}{Na}, \quad n = 0, 1, 2, ..., N-1 \tag{1.24}$$

【証明】(1.22) の両辺に $e^{-ik_m x_\kappa}$ をかけて，$\kappa = 0, 1, 2, ..., N-1$ について和をとれば

$$\sum_{\kappa=0}^{N-1} f(x_\kappa) e^{-ik_m x_\kappa} = \sum_{\kappa=0}^{N-1} \sum_{n=0}^{N-1} c_n e^{i(k_n - k_m)x_\kappa} = \sum_{n=0}^{N-1} c_n \sum_{\kappa=0}^{N-1} e^{i(k_n - k_m)x_\kappa}$$
$$= \sum_{n=0}^{N-1} c_n (N\delta_{nm}) = Nc_m \qquad ①$$

$$\because \sum_{\kappa=0}^{N-1} e^{i(k_n - k_m)x_\kappa} = 1 + e^{i(k_n - k_m)a} + \left(e^{i(k_n - k_m)a}\right)^2 + ... + \left(e^{i(k_n - k_m)a}\right)^{N-1}$$

$$= \begin{cases} N, & k_n = k_m \\ \dfrac{1 - \left(e^{i(k_n - k_m)a}\right)^N}{1 - e^{i(k_n - k_m)a}} = \dfrac{1 - e^{i2\pi(n-m)}}{1 - e^{i(k_n - k_m)a}} = 0, & k_n \neq k_m \end{cases} = N\delta_{nm} \qquad ②$$

したがって

$$c_m = \frac{1}{N} \sum_{\kappa=0}^{N-1} f(x_\kappa) e^{-ik_m x_\kappa}$$

①，② の δ_{nm} は，(1.6) で定義したクロネッカーのデルタ関数である．(1.22) を

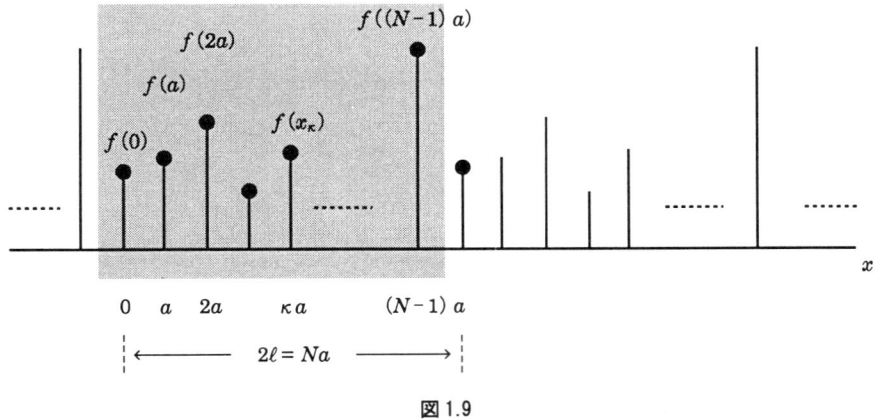

図1.9

有限フーリエ級数,(1.23)を有限フーリエ係数という.

[注] $k_n = \dfrac{2n\pi}{Na}$ は次のようにしても確かめられる.$f(x_\kappa)$ は $2\ell = Na$ を周期とする周期関数であるから

$$f(x_\kappa + Na) = f(x_\kappa)$$

(1.22) から

$$f(x_\kappa + Na) - f(x_\kappa) = \sum_{n=0}^{N-1} c_n e^{ik_n x_\kappa} \left(e^{ik_n Na} - 1 \right) = 0$$

すべての x_κ について,恒等的に成り立つから

$$e^{ik_n Na} = 1 = e^{i2n\pi}$$

ゆえに

$$k_n = \frac{2n\pi}{Na}, \quad n = 0, 1, 2, ..., N-1$$

のようにとることができる.

あるいは,逆に (1.24) より

$$f(x_\kappa) = \sum_{n=0}^{N-1} c_n e^{ik_n x_\kappa} = \sum_{n=0}^{N-1} c_n e^{ik_n x_\kappa + i2nm\pi} = f(x_\kappa + mNa)$$

【例4】周期が $N = 4$ のとき，有限フーリエ係数を求めよ．

【解】(1.22) を用いて

$$f(x_0) = c_0 + c_1 + c_2 + c_3$$
$$f(x_1) = c_0 + c_1 e^{i\frac{\pi}{2}} + c_2 e^{i\pi} + c_3 e^{i\frac{3\pi}{2}} = c_0 + ic_1 - c_2 - ic_3$$
$$f(x_2) = c_0 + c_1 e^{i\pi} + c_2 e^{i2\pi} + c_3 e^{i3\pi} = c_0 - c_1 + c_2 - c_3$$
$$f(x_3) = c_0 + c_1 e^{i\frac{3\pi}{2}} + c_2 e^{i3\pi} + c_3 e^{i\frac{9\pi}{2}} = c_0 - ic_1 - c_2 + ic_3$$

$$\begin{bmatrix} f(x_0) \\ f(x_1) \\ f(x_2) \\ f(x_3) \end{bmatrix} = \begin{bmatrix} 1 & 1 & 1 & 1 \\ 1 & i & -1 & -i \\ 1 & -1 & 1 & -1 \\ 1 & -i & -1 & i \end{bmatrix} \begin{bmatrix} c_0 \\ c_1 \\ c_2 \\ c_3 \end{bmatrix} \qquad ③$$

あるいは (1.23) から

$$\begin{bmatrix} c_0 \\ c_1 \\ c_2 \\ c_3 \end{bmatrix} = \frac{1}{4} \begin{bmatrix} 1 & 1 & 1 & 1 \\ 1 & -i & -1 & i \\ 1 & -1 & 1 & -1 \\ 1 & i & -1 & -i \end{bmatrix} \begin{bmatrix} f(x_0) \\ f(x_1) \\ f(x_2) \\ f(x_3) \end{bmatrix} \qquad ④$$

データ $\{f(x_\kappa)\}$ が与えられれば，④ ((1.23), $N = 4$) から $\{c_n\}$ を求めることができる．これを離散フーリエ変換 (DFT: Discrete Fourier Transform), ③ を逆離散フーリエ変換 (IDFT: Inverse Discrete Fourier Transform) とよぶ．

問題8 【例4】で，$f(x_0) = 1, f(x_1) = 2, f(x_2) = 0, f(x_3) = 1$ が与えられているとき，有限フーリエ級数を求めよ．

課題

周期が $N = 8$ で，$f(x_0) = 1, f(x_1) = 0, f(x_2) = 1, f(x_3) = 1, f(x_4) = 0, f(x_5) = 1,$ $f(x_6) = 0\ f(x_7) = 1$ のとき，有限フーリエ級数を求めよ．

練習問題 1

【1】(1) 図1.10 の周期関数の複素フーリエ級数を求めよ．

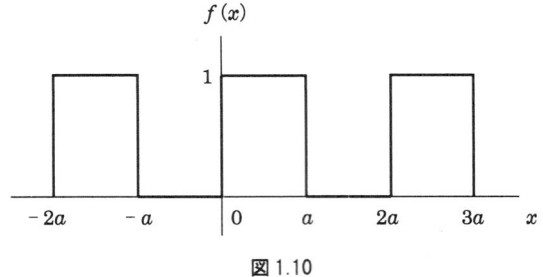

図 1.10

(2) 区間 $0 < x < \pi$ で定義された次の関数を，奇関数としてフーリエ級数を求めよ．ただし，定数 a, τ は，それぞれ $a > 0$ および $0 < \tau < \pi/2$ とする．

$$f(x) = \begin{cases} \dfrac{1}{\tau}ax, & 0 < x \leq \tau \\ a, & \tau < x \leq \pi - \tau \\ -\dfrac{1}{\tau}a(x-\pi), & \pi - \tau < x \leq \pi \end{cases}$$

(3) 区間 $-\pi < x < \pi$ で定義された次の関数のフーリエ級数を求めよ．

$$f(x) = |\cos x|$$

【2】(1) 関数 $f(x) = |x|$ が区間 $(-\pi, \pi)$ で与えられている．$f(x)$ を級数

$$\frac{\alpha_0}{2} + \sum_{k=1}^{n}(\alpha_k \cos kx + \beta_k \sin kx)$$

で近似するとき，生ずる誤差 $\Delta_n(x)$ は

$$\Delta_n(x) = f(x) - \left\{\frac{\alpha_0}{2} + \sum_{k=1}^{n}(\alpha_k \cos kx + \beta_k \sin kx)\right\}$$

である．この誤差が最小になるようにするためには，次の2乗の相加平均

$$\frac{1}{2\pi}\int_{-\pi}^{\pi}\Delta_n^{\ 2}(x)dx$$

を最小にするように $\{\alpha_n, \beta_n\}$ を決定すればよい．$\{\alpha_n, \beta_n\}$ を求めよ．

(2) 区間 $(-\pi, \pi)$ において x^2 を
$$a_0 + a_1\cos x + a_2\cos 2x$$

で最もよく近似するように係数 a_0, a_1, a_2 を決定せよ．

【3】区間 $[a, b]$ で定義されている実関数列 $\{\phi_n(x)\}$ に対して

$$\int_a^b \phi_n(x)\phi_m(x)dx = \delta_{nm}, \quad \delta_{nm} = \begin{cases} 1, & n = m \\ 0, & n \neq m \end{cases}$$

が成立するとき，$\{\phi_n(x)\}$ を正規直交関数系という（p.12）．ただし，δ_{nm} はクロネッカーのデルタ関数である（p.4）．次の問に答えよ．

関数系列
$$\{\phi_n(x)\} = \phi_0(x), \phi_1(x), \phi_2(x), \ldots$$
$$= \frac{1}{\sqrt{2L}}, \frac{1}{\sqrt{L}}\cos(\frac{\pi x}{L}), \frac{1}{\sqrt{L}}\cos(\frac{2\pi x}{L}), \frac{1}{\sqrt{L}}\cos(\frac{3\pi x}{L}), \ldots, \frac{1}{\sqrt{L}}\cos(\frac{n\pi x}{L}), \ldots$$
$$\ldots, \frac{1}{\sqrt{L}}\sin(\frac{\pi x}{L}), \frac{1}{\sqrt{L}}\sin(\frac{2\pi x}{L}), \frac{1}{\sqrt{L}}\sin(\frac{3\pi x}{L}), \ldots, \frac{1}{\sqrt{L}}\sin(\frac{m\pi x}{L}), \ldots$$

が区間 $[-1, 1]$ で定義されているとき，この関数系列は正規直交系かどうか調べよ．ただし，$L \neq 1$，$L > 0$ とする．

【4】(1.16) から次のパーセバルの等式を証明せよ．

$$\frac{1}{2\ell}\int_{-\ell}^{\ell}|f(x)|^2 dx = \sum_{n=-\infty}^{\infty}|c_n|^2$$

問題解答

問題1 (1) $a_0 = \dfrac{1}{\ell}\int_{-\ell}^{\ell} dx = 2$, $a_n = \dfrac{1}{\ell}\int_{-\ell}^{\ell}\cos\dfrac{n\pi x}{\ell}dx = 0$, $b_n = \dfrac{1}{\ell}\int_{-\ell}^{\ell}\sin\dfrac{n\pi x}{\ell}dx = 0$

(2) $b_n = \dfrac{1}{\ell}\int_{-\ell}^{\ell}|x|\sin\dfrac{n\pi x}{\ell}dx = -\dfrac{1}{\ell}\int_{-\ell}^{0}x\sin\dfrac{n\pi x}{\ell}dx + \dfrac{1}{\ell}\int_{0}^{\ell}x\sin\dfrac{n\pi x}{\ell}dx = 0$

(3) $a_0 = \dfrac{1}{\ell}\int_{-\ell}^{\ell}x\,dx = \dfrac{1}{\ell}\int_{-\ell}^{0}x\,dx + \dfrac{1}{\ell}\int_{0}^{\ell}x\,dx = 0$

$b_n = \dfrac{1}{\ell}\int_{-\ell}^{\ell}x\sin\dfrac{n\pi x}{\ell}dx = \dfrac{1}{\ell}\int_{-\ell}^{0}x\sin\dfrac{n\pi x}{\ell}dx + \dfrac{1}{\ell}\int_{0}^{\ell}x\sin\dfrac{n\pi x}{\ell}dx = \dfrac{2}{\ell}\int_{0}^{\ell}x\sin\dfrac{n\pi x}{\ell}dx$

$= \dfrac{2}{\ell}\left(-\dfrac{\ell}{n\pi}x\cos\dfrac{n\pi x}{\ell}\Big|_0^\ell + \dfrac{\ell}{n\pi}\int_0^\ell \cos\dfrac{n\pi x}{\ell}dx\right) = -\dfrac{2\ell}{n\pi}\cos n\pi = \dfrac{2\ell}{n\pi}(-1)^{n+1}$

(4)
$a_0 = \dfrac{1}{\ell}\int_0^\ell dx = 1$, $a_n = \dfrac{1}{\ell}\int_0^\ell \cos\dfrac{n\pi x}{\ell}dx = \dfrac{1}{\ell}\left(\dfrac{\ell}{n\pi}\sin\dfrac{n\pi x}{\ell}\Big|_0^\ell\right) = 0$

$b_n = \dfrac{1}{\ell}\int_0^\ell \sin\dfrac{n\pi x}{\ell}dx = \dfrac{1}{\ell}\left(-\dfrac{\ell}{n\pi}\cos\dfrac{n\pi x}{\ell}\Big|_0^\ell\right) = -\dfrac{1}{n\pi}(\cos n\pi - 1) = \dfrac{1}{n\pi}\left(1 - (-1)^n\right)$

(5)
$a_0 = \dfrac{1}{\ell}\int_{-\ell}^{\ell}\cos^2 ax\,dx = \dfrac{1}{2\ell}\int_{-\ell}^{\ell}(1 + \cos 2ax)dx = \dfrac{1}{2\ell}\left(x\Big|_{-\ell}^{\ell} + \dfrac{1}{2a}\sin 2ax\Big|_{-\ell}^{\ell}\right) = 1 + \dfrac{1}{2a\ell}\sin 2a\ell$

問題2 (1) $a_0 = \dfrac{1}{\ell}\int_0^\ell x\,dx = \dfrac{1}{2\ell}x^2\Big|_0^\ell = \dfrac{1}{2}\ell$

$a_n = \dfrac{1}{\ell}\int_0^\ell x\cos\dfrac{n\pi x}{\ell}dx = \dfrac{1}{\ell}\left(\dfrac{\ell}{n\pi}x\sin\dfrac{n\pi x}{\ell}\Big|_0^\ell - \dfrac{\ell}{n\pi}\int_0^\ell \sin\dfrac{n\pi x}{\ell}dx\right)$

$= \dfrac{1}{n\pi}\dfrac{\ell}{n\pi}\cos\dfrac{n\pi x}{\ell}\Big|_0^\ell = \dfrac{\ell}{\pi^2}\dfrac{1}{n^2}(\cos n\pi - 1) = \dfrac{\ell}{\pi^2}\dfrac{1}{n^2}\left((-1)^n - 1\right)$

$b_n = \dfrac{1}{\ell}\int_0^\ell x\sin\dfrac{n\pi x}{\ell}dx = \dfrac{1}{\ell}\left(-\dfrac{\ell}{n\pi}x\cos\dfrac{n\pi x}{\ell}\Big|_0^\ell + \dfrac{\ell}{n\pi}\int_0^\ell \cos\dfrac{n\pi x}{\ell}dx\right)$

$= -\dfrac{1}{n\pi}\ell\cos n\pi = \dfrac{\ell}{\pi}\dfrac{1}{n}(-1)^{n+1}$

したがって，フーリエ級数は

$$f(x) = \dfrac{1}{4}\ell + \dfrac{\ell}{\pi^2}\sum_{n=1}^{\infty}\left\{\dfrac{(-1)^n - 1}{n^2}\cos\dfrac{n\pi x}{\ell} + \dfrac{\pi}{n}(-1)^{n+1}\sin\dfrac{n\pi x}{\ell}\right\}$$

(2) 1. 奇関数の場合　$f(x) = x$　$(-\ell < x < \ell)$　であるから，【例1】の問題に帰着する．解答の詳細は【例1】を見よ．

奇関数だから　$a_0 = 0$, $a_n = 0$．係数 b_n は【例1】より $b_n = \dfrac{2\ell}{n\pi}(-1)^{n+1}$．したがって

$$f(x) = \frac{2\ell}{\pi} \sum_{n=1}^{\infty} \frac{1}{n}(-1)^{n+1} \sin\frac{n\pi x}{\ell}$$

2．偶関数の場合　$f(x) = |x|$　$(-\ell < x < \ell)$　である．偶関数より $b_n = 0$（あるいは，問題1の(2)を参照），$a_0 = \dfrac{1}{\ell}\int_{-\ell}^{\ell}|x|dx = \dfrac{2}{\ell}\int_0^{\ell} x\,dx = \ell$．また，問題2の(1)を利用して

$$a_n = \frac{1}{\ell}\int_{-\ell}^{\ell}|x|\cos\frac{n\pi x}{\ell}dx = \frac{2}{\ell}\int_0^{\ell} x\cos\frac{n\pi x}{\ell}dx = \frac{2\ell}{\pi^2}\frac{1}{n^2}\left((-1)^n - 1\right)$$

ゆえに

$$f(x) = \frac{1}{2}\ell + \frac{2\ell}{\pi^2}\sum_{n=1}^{\infty}\frac{1}{n^2}\left((-1)^n - 1\right)\cos\frac{n\pi x}{\ell}$$

(3) 問題1の(4)から，$a_0 = 1$, $a_n = 0$, $b_n = \dfrac{1}{n\pi}\left(1 - (-1)^n\right)$．したがって

$$f(x) = \frac{1}{2} + \frac{1}{\pi}\sum_{n=1}^{\infty}\frac{1}{n}\left(1 - (-1)^n\right)\sin\frac{n\pi x}{\ell}$$

(4) 奇関数であるから，$a_0 = 0$, $a_n = 0$ および

$$b_n = \frac{2}{\ell}\int_0^{\ell}\sin\frac{n\pi x}{\ell}dx = \frac{2}{\ell}\left(-\frac{\ell}{n\pi}\cos\frac{n\pi x}{\ell}\bigg|_0^{\ell}\right) = \frac{2}{n\pi}\left(1 - (-1)^n\right) \quad \text{(問題1の(4)参照)}$$

したがって

$$f(x) = \frac{2}{\pi}\sum_{n=1}^{\infty}\frac{1}{n}\left(1 - (-1)^n\right)\sin\frac{n\pi x}{\ell}$$

(5) $\quad a_0 = \displaystyle\int_0^1 \cos\pi x\,dx = 0$

$\quad a_n = \displaystyle\int_0^1 \cos\pi x\cos n\pi x\,dx = \frac{1}{2}\int_0^1 (\cos(n-1)\pi x + \cos(n+1)\pi x)dx = \begin{cases} \dfrac{1}{2}, & n = 1 \\ 0, & n \neq 1 \end{cases}$

1．フーリエ級数

$$b_n = \int_0^1 \cos\pi x \sin n\pi x \, dx = \frac{1}{2}\int_0^1 (\sin(n+1)\pi x + \sin(n-1)\pi x) dx$$

$$= \begin{cases} 0, & n=1 \\ -\frac{1}{2\pi}\left(\frac{\cos(n+1)\pi - 1}{n+1} + \frac{\cos(n-1)\pi - 1}{n-1}\right) = \frac{1}{\pi}\frac{n}{n^2-1}\left((-1)^n + 1\right), & n = 2, 3, 4, \ldots \end{cases}$$

ゆえに

$$f(x) = \frac{1}{2}\cos\pi x + \frac{1}{\pi}\sum_{n=2}^\infty \frac{n}{n^2-1}\left((-1)^n + 1\right)\sin n\pi x$$

$$\underset{\text{or } n=2m}{=} \frac{1}{2}\cos\pi x + \frac{4}{\pi}\sum_{m=1}^\infty \frac{m}{4m^2-1}\sin 2m\pi x$$

問題 3　(1)　奇関数であるから 0 を与える．具体的に計算して

$$\frac{1}{\pi}\int_{-\pi}^{\pi} \cos(x)\sin(2x) dx = \frac{1}{2\pi}\int_{-\pi}^{\pi} (\sin 3x + \sin x) dx = -\frac{1}{2\pi}\left(\frac{1}{3}\cos 3x + \cos x\right)_{-\pi}^{\pi} = 0$$

(2)
$$\frac{1}{\pi}\int_{-\pi}^{\pi} \cos(x)\cos(2x) dx = \frac{1}{2\pi}\int_{-\pi}^{\pi} (\cos x + \cos 3x) dx = \frac{1}{2\pi}\left(\sin x + \frac{1}{3}\sin 3x\right)_{-\pi}^{\pi} = 0$$

(3)
$$\frac{1}{\pi}\int_{-\pi}^{\pi} \sin(x)\sin(2x) dx = \frac{1}{2\pi}\int_{-\pi}^{\pi} (\cos x - \cos 3x) dx = \frac{1}{2\pi}\left(\sin x - \frac{1}{3}\sin 3x\right)_{-\pi}^{\pi} = 0$$

(4)
$$\int_{-1}^{1} \cos(\pi x)\cos(2\pi x) dx = \frac{1}{2}\int_{-1}^{1} (\cos\pi x + \cos 3\pi x) dx = \frac{1}{2}\left(\frac{1}{\pi}\sin\pi x + \frac{1}{3\pi}\sin 3\pi x\right)_{-1}^{1} = 0$$

(5)
$$\frac{1}{\ell}\int_{-1}^{1} \cos(\frac{\pi x}{\ell})\cos(\frac{2\pi x}{\ell}) dx = \frac{1}{2\ell}\int_{-1}^{1} \left(\cos\frac{\pi x}{\ell} + \cos\frac{3\pi x}{\ell}\right) dx = \frac{1}{2\ell}\left(\frac{\ell}{\pi}\sin\frac{\pi x}{\ell} + \frac{\ell}{3\pi}\sin\frac{3\pi x}{\ell}\right)_{-1}^{1}$$

$$= \frac{1}{\pi}\left(\sin\frac{\pi}{\ell} + \frac{1}{3}\sin\frac{3\pi}{\ell}\right)$$

問題 4　(1) 偶関数であるから，$b_n = 0$．

$$a_0 = \frac{1}{\pi}\int_{-\pi}^{\pi} |x| dx = \frac{2}{\pi}\int_0^\pi x\, dx = \pi$$

$$a_n = \frac{1}{\pi}\int_{-\pi}^{\pi} |x|\cos nx\,dx = \frac{2}{\pi}\int_0^{\pi} x\cos nx\,dx = \frac{2}{\pi}\left(\frac{1}{n}x\sin nx\Big|_0^{\pi} - \frac{1}{n}\int_0^{\pi}\sin nx\,dx\right)$$

$$= \frac{2}{\pi}\frac{1}{n^2}\cos nx\Big|_0^{\pi} = \frac{2}{\pi}\frac{\cos n\pi - 1}{n^2} = \frac{2}{\pi}\frac{(-1)^n - 1}{n^2}$$

ゆえに

$$f(x) = \frac{\pi}{2} + \frac{2}{\pi}\sum_{n=1}^{\infty} \frac{(-1)^n - 1}{n^2}\cos nx$$

(2) 図1.11 は周期関数として示してある．奇関数であるから，$a_0 = 0$, $a_n = 0$.

図1.11

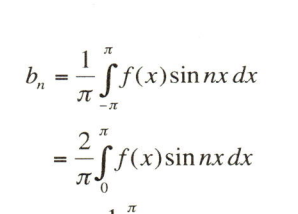

$$b_n = \frac{1}{\pi}\int_{-\pi}^{\pi} f(x)\sin nx\,dx$$

$$= \frac{2}{\pi}\int_0^{\pi} f(x)\sin nx\,dx$$

$$= -\frac{1}{\pi}\int_0^{\pi}(x-\pi)\sin nx\,dx = -\frac{1}{\pi}\left(-\frac{1}{n}(x-\pi)\cos nx\Big|_0^{\pi} + \frac{1}{n}\int_0^{\pi}\cos nx\,dx\right) = \frac{1}{n}$$

ゆえに

$$f(x) = \sum_{n=1}^{\infty} \frac{1}{n}\sin nx$$

問題5 (1) フーリエ級数は問題4の(1)の解から

$$f(x) = \frac{\pi}{2} + \frac{2}{\pi}\sum_{n=1}^{\infty} \frac{(-1)^n - 1}{n^2}\cos nx \underset{n=2m+1}{=} \frac{\pi}{2} - \frac{4}{\pi}\sum_{m=0}^{\infty} \frac{1}{(2m+1)^2}\cos(2m+1)x$$

$x = 0$ のとき，$f(0) = 0$ であるから，$0 = \frac{\pi}{2} - \frac{4}{\pi}\sum_{m=0}^{\infty}\frac{1}{(2m+1)^2}$．ゆえに，$m$ を n と改めて

$$\sum_{n=0}^{\infty} \frac{1}{(2n+1)^2} = \frac{\pi^2}{8}$$

(2) 【例2】より

$$a_0 = \frac{1}{\pi}\int_{-\pi}^{\pi} \tilde{f}(x)\,dx = \frac{1}{\pi}\int_0^{2\pi} x\,dx = 2\pi$$

$$a_n = \frac{1}{\pi}\int_{-\pi}^{\pi}\tilde{f}(x)\cos nx\,dx = \frac{1}{\pi}\int_0^{2\pi}x\cos nx\,dx$$
$$= \frac{1}{\pi n}\left(x\sin nx\Big|_0^{2\pi} - \int_0^{2\pi}\sin nx\,dx\right) = 0$$

同様に
$$b_n = \frac{1}{\pi}\int_0^{2\pi}x\sin nx\,dx = \frac{1}{n\pi}\left(-x\cos nx\Big|_0^{2\pi} + \int_0^{2\pi}\cos nx\,dx\right) = -\frac{2}{n}$$

したがって
$$f(x) = \pi - 2\sum_{n=1}^{\infty}\frac{1}{n}\sin nx$$

$f(0) = \pi$ であり，不連続点の値 $f(0) = \frac{1}{2}(0+2\pi) = \pi$ と一致することが確かめられる．

問題 6　(1)
$$c_n = \frac{1}{2\pi}\int_{-\pi}^{\pi}e^x e^{-inx}dx = \frac{1}{2\pi}\frac{1}{1-in}\left(e^{\pi}e^{-in\pi} - e^{-\pi}e^{in\pi}\right) = \frac{1}{\pi}\frac{1+in}{1+n^2}(-1)^n\frac{e^{\pi}-e^{-\pi}}{2}$$
$$= \frac{1}{\pi}\frac{1+in}{1+n^2}(-1)^n\sinh\pi$$
$$\therefore\quad f(x) = \frac{1}{\pi}\sinh\pi\sum_{n=-\infty}^{\infty}\frac{1+in}{1+n^2}(-1)^n e^{inx}$$

(2)
$$c_n = \frac{1}{2\pi}\int_{-\pi}^{\pi}\cos ax\, e^{-inx}dx = \frac{1}{2\pi}\int_{-\pi}^{\pi}\cos ax\cos nx\,dx = \frac{1}{\pi}\int_0^{\pi}\cos ax\cos nx\,dx$$
$$= \frac{1}{2\pi}\int_0^{\pi}(\cos(n-a)x + \cos(n+a)x)\,dx = \frac{1}{2\pi}\left(\frac{\sin(n-a)\pi}{n-a} + \frac{\sin(n+a)\pi}{n+a}\right)$$
$$= \frac{1}{2\pi}\left(\frac{-(-1)^n\sin a\pi}{n-a} + \frac{(-1)^n\sin a\pi}{n+a}\right)$$
$$= \frac{1}{\pi}(-1)^{n+1}\frac{a}{n^2-a^2}\sin a\pi$$

$$\therefore\quad f(x) = \frac{a\sin a\pi}{\pi}\sum_{n=-\infty}^{\infty}\frac{(-1)^{n+1}}{n^2-a^2}e^{inx}$$

(3)　2ℓ の周期関数として接続すると，関数

$$\tilde{f}(x) = \begin{cases} f(x+2\ell) = x+2\ell, & -\ell \le x < 0 \\ f(x) = x, & 0 < x \le \ell \end{cases}$$

の周期関数となる．したがって，【例2】と同様に

$$c_n = \frac{1}{2\ell}\int_{-\ell}^{\ell}\tilde{f}(x)e^{-i\frac{n\pi x}{\ell}}dx = \frac{1}{2\ell}\left(\int_{-\ell}^{0}f(x+2\ell)e^{-i\frac{n\pi x}{\ell}}dx + \int_{0}^{\ell}f(x)e^{-i\frac{n\pi x}{\ell}}dx\right)$$

$$= \frac{1}{2\ell}\left(\int_{\ell}^{2\ell}f(x)e^{-i\frac{n\pi x}{\ell}}dx + \int_{0}^{\ell}f(x)e^{-i\frac{n\pi x}{\ell}}dx\right) = \frac{1}{2\ell}\int_{0}^{2\ell}xe^{-i\frac{n\pi}{\ell}x}dx$$

$n \ne 0$ の場合

$$c_n = \frac{1}{2\ell}\left(-\frac{\ell}{in\pi}xe^{-i\frac{n\pi}{\ell}x}\Big|_{0}^{2\ell} + \frac{\ell}{in\pi}\int_{0}^{2\ell}e^{-i\frac{n\pi}{\ell}x}dx\right)$$

$$= \frac{1}{2\ell}\left(-\frac{2\ell^2}{in\pi}e^{-i2n\pi} + 0\right) = i\frac{\ell}{n\pi}$$

$n = 0$ の場合

$$c_0 = \frac{1}{2\ell}\int_{0}^{2\ell}x\,dx = \frac{1}{2\ell}2\ell^2 = \ell$$

$$\therefore \quad f(x) = \ell + i\frac{\ell}{\pi}\sum_{\substack{n=-\infty \\ n \ne 0}}^{\infty}\frac{1}{n}e^{i\frac{n\pi x}{\ell}}$$

(4) $n \ne 0$ のとき

$$c_n = \frac{1}{2\ell}\int_{0}^{\ell}xe^{-i\frac{n\pi x}{\ell}}dx = \frac{1}{2\ell}\left(-\frac{\ell}{in\pi}xe^{-i\frac{n\pi x}{\ell}}\Big|_{0}^{\ell} + \frac{\ell}{in\pi}\int_{0}^{\ell}e^{-i\frac{n\pi x}{\ell}}dx\right)$$

$$= \frac{1}{2\ell}\left(-\frac{\ell^2}{in\pi}e^{-in\pi} - \frac{\ell}{in\pi}\frac{\ell}{in\pi}(e^{-in\pi}-1)\right) = i\frac{\ell}{2n\pi}\left((-1)^n - i\frac{1}{n\pi}((-1)^n-1)\right)$$

$n = 0$ では

$$c_0 = \frac{1}{2\ell}\int_{0}^{\ell}x\,dx = \frac{\ell}{4}$$

ゆえに

$$f(x) = \frac{\ell}{4} + i\frac{\ell}{2\pi}\sum_{\substack{n=-\infty \\ n \ne 0}}^{\infty}\frac{1}{n}\left((-1)^n - i\frac{1}{n\pi}((-1)^n-1)\right)e^{i\frac{n\pi x}{\ell}}$$

1．フーリエ級数

(5)
$$c_n = \frac{1}{2}\int_0^1 \cos\pi x\, e^{-in\pi x}dx = \frac{1}{2}\int_0^1 \cos\pi x(\cos n\pi x - i\sin n\pi x)dx$$
$$= \frac{1}{4}\int_0^1 \{(\cos(n-1)\pi x + \cos(n+1)\pi x) - i(\sin(n+1)\pi x + \sin(n-1)\pi x)\}dx$$

ここで，$m \neq 0$ に対して

$$\int_0^1 \cos m\pi x\, dx = \frac{1}{m\pi}\sin m\pi = 0, \quad \int_0^1 \sin m\pi x\, dx = -\frac{1}{m\pi}(\cos m\pi - 1) = \frac{1}{m\pi}(1-(-1)^m)$$

を用いて

$$c_{n\neq \pm 1} = -i\frac{1}{4\pi}\left\{\frac{1}{n+1}(1-(-1)^{n+1}) + \frac{1}{n-1}(1-(-1)^{n-1})\right\}$$
$$= -i\frac{1}{2\pi}\frac{n}{n^2-1}(1+(-1)^n),$$
$$c_{n=1} = \frac{1}{4}, \quad c_{n=-1} = \frac{1}{4}$$

ゆえに

$$f(x) = \frac{1}{4}\left(e^{i\pi x} + e^{-i\pi x}\right) - i\frac{1}{2\pi}\sum_{\substack{n=-\infty\\n\neq \pm 1}}^{\infty}\frac{n}{n^2-1}(1+(-1)^n)e^{in\pi x}$$
$$= \frac{1}{2}\cos\pi x - i\frac{1}{2\pi}\sum_{\substack{n=-\infty\\n\neq \pm 1}}^{\infty}\frac{n}{n^2-1}(1+(-1)^n)e^{in\pi x}$$

問題 7 (1) $f(x)$ は奇関数で，区分的に連続だから

$$b_n = \frac{1}{\pi}\int_{-\pi}^{\pi}f(x)\sin nx\,dx = \frac{2}{\pi}\int_0^{\pi}f(x)\sin nx\,dx = \frac{2}{\pi}\int_0^{\pi}\cos x\sin nx\,dx$$
$$= \frac{1}{\pi}\int_0^{\pi}(\sin(n+1)x + \sin(n-1)x)dx$$
$$= \frac{1}{\pi}\begin{cases}\dfrac{1-\cos(n+1)\pi}{n+1} + \dfrac{1-\cos(n-1)\pi}{n-1} = \dfrac{2n}{n^2-1}\left(1+(-1)^n\right), & n\neq 1\\ 0, & n=1\end{cases}$$

ゆえに

$$f(x) \sim \frac{1}{\pi}\sum_{n=2}^{\infty}\frac{2n}{n^2-1}\left(1+(-1)^n\right)\sin nx$$

$x > 0$ では $f(x) = \cos x$ であり，項別に積分可能であるから

34

$$\int_0^x \cos x' dx' = \frac{1}{\pi}\sum_{n=2}^{\infty}\frac{2n}{n^2-1}\left(1+(-1)^n\right)\int_0^x \sin nx' dx' \quad ①$$

$$\therefore \sin x = \frac{1}{\pi}\sum_{n=2}^{\infty}\frac{2}{n^2-1}\left(1+(-1)^n\right)(1-\cos nx) \quad ②$$

右辺は x の偶関数であるから，左辺は $|\sin x|$ でなければならない．すなわち，$g(x) = |\sin x|$ の $-\pi \leq x \leq \pi$ におけるフーリエ級数は

$$|\sin x| = \frac{1}{\pi}\sum_{n=2}^{\infty}\frac{2}{n^2-1}\left(1+(-1)^n\right)(1-\cos nx)$$

あるいは，$-\pi < x < 0$ では $f(x) = -\cos x$ であるから，① の左辺は

$$-\int_0^x \cos x' dx' = -\sin x = |\sin x|$$

結局

$$|\sin x| = \frac{1}{\pi}\sum_{n=2}^{\infty}\frac{2}{n^2-1}\left(1+(-1)^n\right)(1-\cos nx)$$

(2) 1. $f(x) = |x|$ を 2π の周期関数として接続した関数は，$-\infty < x < \infty$ で連続な関数である．また，$f'(x)$ は区分的になめらかなので，$f(x)$ のフーリエ級数を項別に微分することができる．

2. $f(x) = x$ を 2π の周期関数として接続した関数は，$x = \pm\pi, \pm 3\pi, \ldots$ で不連続である．したがって，項別に微分不可能である．ゆえに (1.21) は適用不可能．

【例 1】から，この関数のフーリエ級数は

$$f(x) = 2\sum_{n=1}^{\infty}\frac{(-1)^{n+1}}{n}\sin nx$$

両辺を形式的に微分 ((1.21)) して，$f'(x) = 2\sum_{n=1}^{\infty}(-1)^{n+1}\cos nx$ が得られる．この級数は $\lim_{n\to\infty}(-1)^{n+1}\cos nx \neq 0$ で収束しないから和が存在しない．つまり微分不可能である．

1．フーリエ級数

問題 8 (1) (1.23) より

$$c_m = \frac{1}{4}\sum_{\kappa=0}^{3} f(x_\kappa) e^{-i\frac{2m\pi}{4a}x_\kappa} = \frac{1}{4}\left(1 + 2e^{-i\frac{m\pi}{2}} + e^{-i\frac{3m\pi}{2}}\right)$$

あるいは，【例 4】を用いて

$$c_0 = \frac{1}{4}(1+2+1) = 1, \quad c_1 = \frac{1}{4}(1-2i+i) = \frac{1}{4}(1-i) = \frac{1}{2\sqrt{2}}e^{-i\frac{\pi}{4}}$$

$$c_2 = \frac{1}{4}(1-2-1) = -\frac{1}{2}$$

$$c_3 = \frac{1}{4}(1+2i-i) = \frac{1}{4}(1+i) = \frac{1}{2\sqrt{2}}e^{i\frac{\pi}{4}}$$

ゆえに，有限フーリエ級数は

$$f(x) = e^{ik_0 x} + \frac{1}{2\sqrt{2}} e^{ik_1 x - i\frac{\pi}{4}} - \frac{1}{2} e^{ik_2 x} + \frac{1}{2\sqrt{2}} e^{ik_3 x + i\frac{\pi}{4}}, \quad x = x_\kappa$$

ただし

$$k_n = \frac{n\pi}{2a}, \quad n = 0, 1, 2, 3$$

練習問題1解答

【1】 (1)

$$c_n = \frac{1}{2a}\int_0^a e^{-i\frac{n\pi}{a}x}dx = \frac{a}{-i2an\pi}(e^{-in\pi}-1) = -i\frac{1-e^{-in\pi}}{2n\pi}$$

$$= -i\frac{1-(-1)^n}{2n\pi}, \quad n \neq 0$$

$$c_0 = \frac{1}{2a}\int_0^a dx = \frac{1}{2}$$

ゆえに

$$f(x) = \frac{1}{2} + \sum_{\substack{n=-\infty \\ n \neq 0}}^{\infty} \frac{1-(-1)^n}{i2n\pi}e^{i\frac{n\pi}{a}x} = \frac{1}{2} - i\sum_{n=-\infty}^{\infty}\frac{1}{(2n+1)\pi}e^{i\frac{(2n+1)\pi}{a}x}$$

(2) 奇関数であるから $a_n = 0, \ n = 0, 1, 2, \ldots$.

$$b_n = \frac{2}{\pi}\int_0^\tau \frac{a}{\tau}x\sin nx\,dx + \frac{2}{\pi}\int_\tau^{\pi-\tau} a\sin nx\,dx + \frac{2}{\pi}\int_{\pi-\tau}^\pi -\frac{a}{\tau}(x-\pi)\sin nx\,dx$$

$$= \frac{2a}{\pi\tau}\bigl(1-(-1)^n\bigr)\int_0^\tau x\sin nx\,dx + \frac{2a}{\pi}\int_\tau^{\pi-\tau}\sin nx\,dx$$

$$= \frac{2a}{\pi\tau}\bigl(1-(-1)^n\bigr)\left(-\frac{\tau}{n}\cos n\tau + \frac{1}{n^2}\sin n\tau\right) + \frac{2a}{\pi}\left(-\frac{1}{n}\cos n(\pi-\tau) + \frac{1}{n}\cos n\tau\right)$$

$$= \frac{2a}{\pi\tau}\bigl(1-(-1)^n\bigr)\left(-\frac{\tau}{n}\cos n\tau + \frac{1}{n^2}\sin n\tau + \frac{\tau}{n}\cos n\tau\right) = \frac{2a}{\pi\tau}\frac{\{1-(-1)^n\}}{n^2}\sin n\tau$$

$$\because \int_{\pi-\tau}^\pi (x-\pi)\sin nx\,dx \underset{x'=\pi-x}{=} -\int_0^\tau x'\sin(n\pi - nx')\,dx' = (-1)^n\int_0^\tau x'\sin nx'\,dx',$$

$$\sin(n\pi - \theta) = (-1)^{n+1}\sin\theta, \quad \cos(n\pi - \theta) = (-1)^n\cos\theta$$

$$\therefore f(x) = \frac{2a}{\pi\tau}\sum_{n=1}^\infty \frac{\{1-(-1)^n\}}{n^2}\sin n\tau \sin nx = \frac{4a}{\pi\tau}\sum_{n=0}^\infty \frac{1}{(2n+1)^2}\sin(2n+1)\tau\sin(2n+1)x$$

(3) $f(x) = |\cos x| = \begin{cases} -\cos x, & |x| > \frac{\pi}{2} \\ \cos x, & |x| \leq \frac{\pi}{2} \end{cases}$ の偶関数であるから

1．フーリエ級数

$$b_n = 0$$
$$a_0 = \frac{2}{\pi}\left(\int_0^{\pi/2}\cos x dx - \int_{\pi/2}^{\pi}\cos x dx\right) = \frac{2}{\pi}\left(\sin x\big|_0^{\pi/2} - \sin x\big|_{\pi/2}^{\pi}\right) = \frac{4}{\pi}$$

$$a_n = \frac{2}{\pi}\left(\int_0^{\pi/2}\cos x \cos nx dx - \int_{\pi/2}^{\pi}\cos x \cos nx dx\right), \quad n \neq 0 \text{ の計算：}$$

$$\int_0^{\pi/2}\cos x \cos nx dx = \frac{1}{2}\int_0^{\pi/2}\{\cos(1-n)x + \cos(1+n)x\}dx$$

$$= \begin{cases} \dfrac{1}{2}\left\{\dfrac{\pi}{2} + \dfrac{\sin\frac{2\pi}{2}}{2}\right\} = \dfrac{\pi}{4}, & n = 1 \\[2mm] \dfrac{1}{2}\left\{\dfrac{\sin\frac{(1-n)\pi}{2}}{1-n} + \dfrac{\sin\frac{(1+n)\pi}{2}}{1+n}\right\} = \dfrac{1}{1-n^2}\cos\dfrac{n\pi}{2}, & n \neq 1 \end{cases} \quad \text{①}$$

同様に
$$\int_{\pi/2}^{\pi}\cos x \cos nx dx = \frac{1}{2}\int_{\pi/2}^{\pi}\{\cos(1-n)x + \cos(1+n)x\}dx$$

$$= \begin{cases} \dfrac{\pi}{4}, & n = 1 \\[2mm] -\dfrac{1}{1-n^2}\cos\dfrac{n\pi}{2}, & n \neq 1 \end{cases} \quad \text{②}$$

ゆえに，①，②より
$$a_n = \frac{2}{\pi}\left(\int_0^{\pi/2}\cos x \cos nx dx - \int_{\pi/2}^{\pi}\cos x \cos nx dx\right) = \begin{cases} 0, & n = 1 \\[2mm] \dfrac{4}{\pi}\dfrac{1}{1-n^2}\cos\dfrac{n\pi}{2}, & n \neq 1 \end{cases}$$

フーリ級数は
$$f(x) = \frac{2}{\pi} + \frac{4}{\pi}\sum_{n=2}^{\infty}\frac{1}{1-n^2}\cos\frac{n\pi}{2}\cos nx = \frac{2}{\pi} + \frac{4}{\pi}\sum_{m=1}^{\infty}\frac{(-1)^{m+1}}{(2m)^2 - 1}\cos 2mx$$

【2】(1) $\Delta_n(x, \{\alpha_k\}, \{\beta_k\}) = f(x) - \left(\dfrac{\alpha_0}{2} + \displaystyle\sum_{k=1}^n (\alpha_k \cos kx + \beta_k \sin kx)\right)$ と書き改め

$$I(\{\alpha_k\}, \{\beta_k\}) = \frac{1}{2\pi}\int_{-\pi}^{\pi}\Delta_n^2(x, \{\alpha_k\}, \{\beta_k\})dx$$

とおく．誤差が最小になるようにするためには $I(\{\alpha_k\},\{\beta_k\})$ が極小値をとるように $\{\alpha_n,\beta_n\}$ を決定すればよい．$\{\alpha_n,\beta_n\}$ は独立な変数とみなして

$$\frac{\partial}{\partial \alpha_m} I(\{\alpha_k\},\{\beta_k\}) = \frac{1}{2\pi}\int_{-\pi}^{\pi} 2\Delta_n(x,\{\alpha_k\},\{\beta_k\}) \frac{\partial}{\partial \alpha_m}\Delta_n(x,\{\alpha_k\},\{\beta_k\})dx = 0$$

ゆえに，$m=0$ に対して

$$\frac{\partial}{\partial \alpha_0} I(\{\alpha_k\},\{\beta_k\}) = -\frac{1}{2\pi}\int_{-\pi}^{\pi}\left\{f(x)-\left(\frac{\alpha_0}{2}+\sum_{k=1}^{n}(\alpha_k\cos kx+\beta_k\sin kx)\right)\right\}dx$$

$$= -\frac{1}{2\pi}\int_{-\pi}^{\pi}\left(f(x)-\frac{\alpha_0}{2}\right)dx = -\frac{1}{2\pi}\left(\int_{-\pi}^{\pi}f(x)dx-\pi\alpha_0\right)=0$$

$$\therefore\quad \alpha_0 = \frac{1}{\pi}\int_{-\pi}^{\pi}f(x)dx$$

また，α_m に対して

$$\frac{\partial}{\partial \alpha_m} I(\{\alpha_k\},\{\beta_k\}) = -\frac{1}{\pi}\int_{-\pi}^{\pi}\left\{f(x)-\left(\frac{\alpha_0}{2}+\sum_{k=1}^{n}(\alpha_k\cos kx+\beta_k\sin kx)\right)\right\}\cos mx\, dx$$

$$= -\frac{1}{\pi}\int_{-\pi}^{\pi}\left(f(x)\cos mx - \alpha_m\cos^2 mx\right)dx = 0$$

$$\therefore\quad \alpha_m = \frac{\int_{-\pi}^{\pi} f(x)\cos mx\, dx}{\int_{-\pi}^{\pi}\cos^2 mx\,dx} = \frac{1}{\pi}\int_{-\pi}^{\pi} f(x)\cos mx\, dx$$

同様に

$$\frac{\partial}{\partial \beta_m} I(\{\alpha_k\},\{\beta_k\}) = -\frac{1}{\pi}\int_{-\pi}^{\pi}\left\{f(x)-\left(\frac{\alpha_0}{2}+\sum_{k=1}^{n}(\alpha_k\cos kx+\beta_k\sin kx)\right)\right\}\sin mx\, dx$$

$$= -\frac{1}{\pi}\int_{-\pi}^{\pi}\left(f(x)\sin mx - \beta_m\sin^2 mx\right)dx = 0$$

$$\therefore\quad \beta_m = \frac{\int_{-\pi}^{\pi} f(x)\sin mx\, dx}{\int_{-\pi}^{\pi}\sin^2 mx\,dx} = \frac{1}{\pi}\int_{-\pi}^{\pi} f(x)\sin mx\, dx$$

関数を三角級数の部分和で近似するとき，最も良い近似は，フーリエ係数が部分和の係数であるときである．これをフーリエ係数の最終性（finality）とよぶ．

(2) (1)から，a_0, a_1, a_2 をフーリエ係数で表せば，もっとも良い近似式となる．したがって

$$\alpha_0 = \frac{2}{\pi}\int_0^\pi x^2 dx = \frac{2}{3}\pi^2$$

$$\alpha_n = \frac{2}{\pi}\int_0^\pi x^2 \cos nx\, dx = \frac{2}{\pi}\left(\frac{1}{n}x^2 \sin nx\Big|_0^\pi - \frac{2}{n}\int_0^\pi x\sin nx\, dx\right)$$

$$= \frac{2}{\pi}\left(\frac{2}{n^2}x\cos nx\Big|_0^\pi - \frac{2}{n^2}\int_0^\pi \cos nx\, dx\right) = \frac{4}{n^2}\cos n\pi = 4\frac{(-1)^n}{n^2}$$

$$\therefore\ a_0 = \frac{1}{2}\alpha_0 = \frac{1}{3}\pi^2,\quad a_1 = \alpha_1 = -4,\quad a_2 = \alpha_2 = 1$$

ゆえに

$$x^2 \approx \frac{1}{3}\pi^2 - 4\cos x + \cos 2x$$

【別解】(1)と同様に $(-\pi, \pi)$ における平均誤差は

$$I = \frac{1}{2\pi}\int_{-\pi}^\pi \Delta^2(x)dx,\quad \Delta(x) = a_0 + a_1\cos x + a_2\cos 2x - x^2$$

具体的に計算すると

$$I = a_0^2 - \frac{2}{3}\pi^2 a_0 + \frac{1}{2}a_1^2 + 4a_1 + \frac{1}{2}a_2^2 - a_2 + \frac{1}{5}\pi^4$$

$$= (a_0 - \frac{1}{3}\pi^2)^2 + \frac{1}{2}(a_1+4)^2 + \frac{1}{2}(a_2-1)^2 + \frac{4}{45}\pi^4 - \frac{17}{2}$$

ゆえに，$a_0 = \frac{1}{3}\pi^2$，$a_1 = -4$，$a_2 = 1$ のとき，平均誤差は極小値をとる．

【3】 $\phi_0(x) = \frac{1}{\sqrt{2L}}$，$\phi_n(x) = \frac{1}{\sqrt{L}}\cos\frac{n\pi x}{L}$ を選び，$I_{0,n} \equiv \int_{-1}^1 \phi_0(x)\phi_n(x)dx$ の計算をする．直交系ならば，$I_{0,n} = 0$ でなければならない．

$$I_{0,n} = \frac{1}{\sqrt{2}L}\int_{-1}^1 \cos\frac{n\pi x}{L}dx = \frac{2}{\sqrt{2}L}\frac{L}{n\pi}\sin\frac{n\pi x}{L}\Big|_0^1 = \frac{\sqrt{2}}{n\pi}\sin\frac{n\pi}{L}$$

すべての n に対して $I_{0,n} = 0$ を満たさないから，直交系ではない．すなわち，正規

直交系でない．$L=1$ ならば正規直交系であることを示せ．

【4】 $f(x) = \sum_{n=-\infty}^{\infty} c_n e^{i\frac{n\pi x}{\ell}}$ の両辺に，$\frac{1}{2\ell} f^*(x)$ をかけて，区間 $(-\ell, \ell)$ で積分する．*

$$\frac{1}{2\ell} \int_{-\ell}^{\ell} |f(x)|^2 dx = \sum_{n=-\infty}^{\infty} c_n \frac{1}{2\ell} \int_{-\ell}^{\ell} f^*(x) e^{i\frac{n\pi x}{\ell}} dx$$

$$= \sum_{n=-\infty}^{\infty} c_n \left(\frac{1}{2\ell} \int_{-\ell}^{\ell} f(x) e^{-i\frac{n\pi x}{\ell}} dx \right)^* = \sum_{n=-\infty}^{\infty} c_n c_n^* = \sum_{n=-\infty}^{\infty} |c_n|^2$$

---

* 本書では，複素数 z の共役複素数を $\bar{z}$ ではなく z^* で表す．

2 フーリエ変換

2.1 フーリエ積分

> 関数 $f(x)$ が区間 $-\infty < x < \infty$ で区分的になめらかで,絶対可積分[*]の とき,$f(x)$ は次のフーリエ積分で表される.
>
> $$f(x) = \frac{1}{2\pi}\int_{-\infty}^{\infty} dk\, e^{ikx} \int_{-\infty}^{\infty} d\xi\, f(\xi) e^{-ik\xi} \qquad (2.1)$$
>
> ただし,不連続点 $x = x_0$ における (2.1) の左辺の値は
>
> $$f(x) = \frac{1}{2}\{f(x_0 + 0) + f(x_0 - 0)\}, \quad x = x_0 \qquad (2.2)$$
>
> で与えられる.

フーリエ変換と逆フーリエ変換

区間 $-\ell < x < \ell$ で定義された周期 2ℓ の関数はフーリエ級数に展開できた.区間 $-\infty < x < \infty$ で定義された関数は,フーリエ積分で表される.複素フーリエ級数を用いてこのことを示そう.(1.16) で $c_n = \frac{1}{2\ell}\int_{-\ell}^{\ell} f(\xi) e^{-i\frac{n\pi\xi}{\ell}} d\xi$ と書き改め,(1.16) の $f(x)$ に代入し,$\ell \to \infty$ とすれば

$$f(x) = \lim_{\ell \to \infty} \sum_{n=-\infty}^{\infty} c_n e^{i\frac{n\pi x}{\ell}} = \lim_{\ell \to \infty} \sum_{n=-\infty}^{\infty} \frac{1}{2\ell} \int_{-\ell}^{\ell} f(\xi) e^{-i\frac{n\pi(\xi-x)}{\ell}} d\xi \qquad ①$$

---

[*] 絶対可積分とは $\int_{-\infty}^{\infty} |f(x)| dx < \infty$ で定義する.

①で $\pi/\ell = \Delta$ とおいて

$$f(x) = \lim_{\ell \to \infty} \sum_{n=-\infty}^{\infty} g(n\Delta)\Delta = \int_{-\infty}^{\infty} g(k)\,dk$$

$$g(n\Delta) = \frac{1}{2\pi} \int_{-\ell}^{\ell} f(\xi) e^{-in\Delta(\xi-x)} d\xi$$

$$g(k) = \frac{1}{2\pi} \int_{-\infty}^{\infty} f(\xi) e^{-ik(\xi-x)} d\xi$$

したがって

$$f(x) = \frac{1}{2\pi} \int_{-\infty}^{\infty} \left(\int_{-\infty}^{\infty} f(\xi) e^{-ik\xi} d\xi \right) e^{ikx} dk = \frac{1}{2\pi} \int_{-\infty}^{\infty} dk\, e^{ikx} \int_{-\infty}^{\infty} d\xi\, f(\xi) e^{-ik\xi} \qquad ②$$

が得られる．これを $f(x)$ の 複素フーリエ積分（特に断らない限り，以後フーリエ積分）という．②の右辺第1式は，k を一定にしておいて ξ で積分し，それから，k で積分することを意味する．これを，しばしば，第2式のようにも表す．

ここで，$f(x)$ のフーリエ変換を

$$F(k) = \frac{1}{\sqrt{2\pi}} \int_{-\infty}^{\infty} f(x) e^{-ikx} dx \qquad (2.3)$$

で定義すると，②は

$$f(x) = \frac{1}{\sqrt{2\pi}} \int_{-\infty}^{\infty} F(k) e^{ikx} dk \qquad (2.4)$$

と表すことができる．(2.4) をフーリエ変換 (2.3) の反転公式，あるいは，逆フーリエ変換[**]とよぶ．$f(x)$ を $F(k)$ の原関数，$F(k)$ を $f(x)$ の像関数という．

不連続点 $x = x_0$ における②の右辺は，フーリエ級数と同様

$$f(x) = \frac{1}{2}\{f(x_0 + 0) + f(x_0 - 0)\}, \quad x = x_0$$

を与える．

[**] フーリエ逆変換ともよばれる．

__演算子__　ここで，フーリエ変換を施す演算子 $\hat{\mathrm{F}}$ およびその逆演算子 $\hat{\mathrm{F}}^{-1}$ を導入すると，フーリエ変換およびその反転公式は次のようにも書ける．

$$F(k) = \hat{\mathrm{F}}[f], \quad \hat{\mathrm{F}}[f] = \frac{1}{\sqrt{2\pi}} \int_{-\infty}^{\infty} f(x) e^{-ikx} dx \tag{2.5}$$

$$f(x) = \hat{\mathrm{F}}^{-1}[F], \quad \hat{\mathrm{F}}^{-1}[F] = \frac{1}{\sqrt{2\pi}} \int_{-\infty}^{\infty} F(k) e^{ikx} dk \tag{2.6}$$

ただし，変数を明確にしたい場合は $\hat{\mathrm{F}}[f]$ を $\hat{\mathrm{F}}[f(x)]$，$\hat{\mathrm{F}}^{-1}[F]$ を $\hat{\mathrm{F}}^{-1}[F(k)]$ とも表す．

　__フーリエ積分__　(2.1)の指数関数にオイラーの公式 (1.1)を用いれば

$$\begin{aligned} f(x) &= \frac{1}{2\pi} \int_{-\infty}^{\infty} dk \int_{-\infty}^{\infty} d\xi\, f(\xi) e^{-ik(\xi-x)} \\ &= \frac{1}{2\pi} \int_{-\infty}^{\infty} dk \int_{-\infty}^{\infty} d\xi\, f(\xi) \{\cos k(\xi-x) - i \sin k(\xi-x)\} \end{aligned}$$

$\sin k(\xi-x)$ が k の奇関数であることに注意すれば

$$f(x) = \frac{1}{\pi} \int_{0}^{\infty} dk \int_{-\infty}^{\infty} d\xi\, f(\xi) \cos k(\xi-x) \tag{2.7}$$

(2.7)の形を，(2.1)の複素フーリエ積分に対して，フーリエ積分という．

__問題1__　次の関数のフーリエ変換を求めよ．

(1)　$f(x) = e^{-a|x|}, \quad a > 0$

(2)　$f(x) = \begin{cases} 0, & |x| > a \\ x, & -a < x < a \end{cases}, \quad a > 0$

【例1】フーリエ積分を用いて次の式を証明せよ．

$$\frac{1}{\pi}\int_0^\infty \frac{\cos kx + k\sin kx}{1+k^2}dk = \begin{cases} e^{-x}, & x>0 \\ \dfrac{1}{2}, & x=0 \\ 0, & x<0 \end{cases}$$

【解】右辺の不連続点を除いた関数（図2.1）

$$f(x) = \begin{cases} e^{-x}, & x>0 \\ 0, & x<0 \end{cases}$$

を，(2.3)を用いてフーリエ変換すれば

$$F(k) = \frac{1}{\sqrt{2\pi}}\int_0^\infty e^{-x}e^{-ikx}dx = \frac{1}{\sqrt{2\pi}}\frac{1}{1+ik}$$

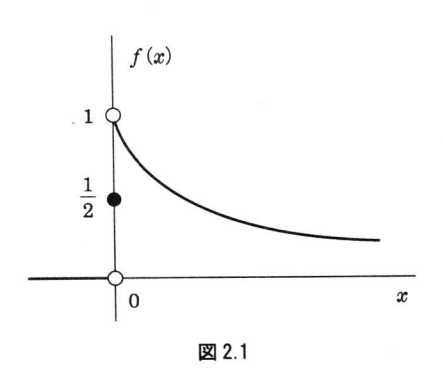

図 2.1

したがって，逆フーリエ変換の公式(2.4)を用いて

$$\begin{aligned} f(x) &= \frac{1}{\sqrt{2\pi}}\int_{-\infty}^\infty \frac{1}{\sqrt{2\pi}}\frac{1}{1+ik}e^{ikx}dk = \frac{1}{2\pi}\int_{-\infty}^\infty \frac{1}{1+ik}e^{ikx}dk \\ &= \frac{1}{2\pi}\int_{-\infty}^\infty \frac{(1-ik)(\cos kx + i\sin kx)}{1+k^2}dk \\ &= \frac{1}{2\pi}\int_{-\infty}^\infty \frac{\cos kx + k\sin kx + i(-k\cos kx + \sin kx)}{1+k^2}dk \end{aligned}$$

虚数部分は k の奇関数であるから積分は 0 を与える．結局

$$f(x) = \frac{1}{2\pi}\int_{-\infty}^\infty \frac{\cos kx + k\sin kx}{1+k^2}dk = \frac{1}{\pi}\int_0^\infty \frac{\cos kx + k\sin kx}{1+k^2}dk$$

不連続点 $x=0$ で，左辺は $f(0) = \dfrac{1}{2}(0+1) = \dfrac{1}{2}$ であるから

$$f(x) = \frac{1}{\pi}\int_0^\infty \frac{\cos kx + k\sin kx}{1+k^2}dk = \begin{cases} e^{-x}, & x > 0 \\ \dfrac{1}{2}, & x = 0 \\ 0, & x < 0 \end{cases}$$

問題2　次の問に答えよ．

(1) 問題1の(2)の結果を利用し，次の等式を証明せよ．

$$\int_0^\infty \frac{\sin ka - ka\cos ka}{k^2}\sin kx\, dk = \begin{cases} 0, & |x| > a \\ \dfrac{\pi}{2}x, & |x| < a \\ \pm\dfrac{\pi a}{4}, & x = \pm a \quad \text{複号同順} \end{cases}$$

(2) $f(x) = \begin{cases} 0, & |x| > 1 \\ 1, & |x| < 1 \end{cases}$ のフーリエ積分を求めることにより，次の等式を証明せよ．

$$\int_0^\infty \frac{\sin k\cos kx}{k}dk = \begin{cases} 0, & |x| > 1 \\ \dfrac{\pi}{4}, & x = \pm 1 \\ \dfrac{\pi}{2}, & |x| < 1 \end{cases}$$

(3) 次の等式を証明せよ．

$$\frac{2}{\pi}\int_0^\infty \frac{\sin\pi k\sin kx}{1-k^2}dk = \begin{cases} \sin x, & |x| \le \pi \\ 0, & |x| > \pi \end{cases}$$

2.2 フーリエ余弦変換と正弦変換

> 関数 $f(x)$ が偶関数の場合は，次のフーリエ余弦変換および反転公式が成立する．
>
> $$F(k) = \sqrt{\frac{2}{\pi}} \int_0^\infty f(x) \cos kx \, dx, \quad f(x) = \sqrt{\frac{2}{\pi}} \int_0^\infty F(k) \cos kx \, dk \qquad (2.8)$$
>
> 奇関数の場合は，次のフーリエ正弦変換および反転公式が成立する．
>
> $$F(k) = \sqrt{\frac{2}{\pi}} \int_0^\infty f(x) \sin kx \, dx, \quad f(x) = \sqrt{\frac{2}{\pi}} \int_0^\infty F(k) \sin kx \, dk \qquad (2.9)$$

<u>フーリエ余弦変換と反転公式</u>

$f(x)$ が偶関数のとき，$f(\xi)\cos k\xi$ は ξ の偶関数，$f(\xi)\sin k\xi$ は奇関数である．したがって，(2.7) は

$$f(x) = \frac{1}{\pi}\int_0^\infty dk \int_{-\infty}^\infty d\xi\, f(\xi)\bigl(\cos k\xi \cos kx + \sin k\xi \sin kx\bigr) \qquad ①$$

$$= \frac{2}{\pi}\int_0^\infty dk \int_0^\infty d\xi\, f(\xi)\cos k\xi \cos kx$$

ここで，フーリエ変換を

$$F(k) = \sqrt{\frac{2}{\pi}} \int_0^\infty f(\xi) \cos k\xi \, d\xi \qquad ②$$

と定義すれば，① は

$$f(x) = \sqrt{\frac{2}{\pi}} \int_0^\infty F(k) \cos kx \, dk \qquad ③$$

② をフーリエ余弦変換，③ をその反転公式という．

<u>フーリエ正弦変換</u>

同様に，$f(x)$ が奇関数の場合はフーリエ正弦変換とその反転公式 (2.9) が証明できる．

問題3 次の関数のフーリエ変換を，公式 (2.8), (2.9) を用いて求めよ．

(1) $f(x) = \begin{cases} 1 - \dfrac{|x|}{2}, & |x| \leq 2 \\ 0, & |x| > 2 \end{cases}$

(2) $f(x) = \begin{cases} 1 - x, & 0 < x \leq 1 \\ 0, & x > 1 \end{cases}$ （$x < 0$ で　1. 偶関数，2. 奇関数として接続せよ.）

(3) $f(x) = \begin{cases} 0, & |x| > a \\ x, & -a < x < a \end{cases}$, $a > 0$ （問題1の(2)）

2.3 フーリエ変換の基本法則

次の基本法則が成り立つ.

(1) 関数 $f(x) = c_1 f_1(x) + c_2 f_2(x)$ (c_1, c_2 は定数) に対して

$$\hat{F}[f] = c_1 \hat{F}[f_1] + c_2 \hat{F}[f_2] \qquad (線形法則) \qquad (2.10)$$

(2) 関数 $f(x)$ およびその導関数 $f'(x)$ が区間 $-\infty < x < \infty$ で絶対可積分で, $x \to \pm\infty$ で $f(x) \to 0$ のとき

$$\hat{F}[f'] = ik\hat{F}[f] = ikF(k) \qquad (微分法則) \qquad (2.11)$$

(3) 関数 $f(cx)$ ($c \neq 0$ は定数) のフーリエ変換は

$$\hat{F}[f(cx)] = \frac{1}{c}F\left(\frac{k}{c}\right) \qquad (相似法則) \qquad (2.12)$$

【証明】(1) フーリエ変換の定義 (2.3) に $f(x)$ を代入すると

$$\hat{F}[f] = \frac{1}{\sqrt{2\pi}} \int_{-\infty}^{\infty} (c_1 f_1(x) + c_2 f_2(x)) e^{-ikx} dx$$

$$= c_1 \frac{1}{\sqrt{2\pi}} \int_{-\infty}^{\infty} f_1(x) e^{-ikx} dx + c_2 \frac{1}{\sqrt{2\pi}} \int_{-\infty}^{\infty} f_2(x) e^{-ikx} dx = c_1 \hat{F}[f_1] + c_2 \hat{F}[f_2]$$

(2) 部分積分により

$$\hat{F}[f'] = \frac{1}{\sqrt{2\pi}} \int_{-\infty}^{\infty} f'(x) e^{-ikx} dx = \frac{1}{\sqrt{2\pi}} \left(f(x)e^{-ikx} \Big|_{-\infty}^{\infty} + ik \int_{-\infty}^{\infty} f(x) e^{-ikx} dx \right)$$

右辺 1 項目は $|e^{-ikx}| = 1$ であるから

$$\lim_{x \to \pm\infty} f(x) e^{-ikx} \leq \lim_{x \to \pm\infty} |f(x) e^{-ikx}| = \lim_{x \to \pm\infty} |f(x)||e^{-ikx}| = \lim_{x \to \pm\infty} |f(x)| = 0$$

したがって

$$\hat{F}[f'] = ik \frac{1}{\sqrt{2\pi}} \int_{-\infty}^{\infty} f(x) e^{-ikx} dx = ikF(k)$$

(3) $y = cx$ ($c \neq 0$) と変数変換をすると

$$\hat{F}[f(cx)] = \frac{1}{\sqrt{2\pi}} \int_{-\infty}^{\infty} f(cx) e^{-ikx} dx \underset{y=cx}{=} \frac{1}{c\sqrt{2\pi}} \int_{-\infty}^{\infty} f(y) e^{-i\frac{k}{c}y} dy = \frac{1}{c} F\left(\frac{k}{c}\right)$$

2.4 合成積とパーセバル－プランシュレルの等式

合成積（たたみこみ） 関数 $f(x)$ および $g(x)$ を用いて

$$f * g = \int_{-\infty}^{\infty} f(x-\xi)g(\xi)d\xi = \int_{-\infty}^{\infty} f(\xi)g(x-\xi)d\xi \tag{2.13}$$

を定義するとき，これを $f(x)$ と $g(x)$ の合成積 (convolution)，あるいは，たたみこみという．合成積のフーリエ変換は

$$\hat{F}[f * g] = \sqrt{2\pi} F(k) G(k) \tag{2.14}$$

(2.13) の右辺は変数変換 $x - \xi = y$ により確かめられる．

$$\int_{-\infty}^{\infty} f(x-\xi)g(\xi)d\xi \underset{y=x-\xi}{=} -\int_{\infty}^{-\infty} f(y)g(x-y)dy = \int_{-\infty}^{\infty} f(y)g(x-y)dy$$

たたみこみのフーリエ変換は

$$\hat{F}[f * g] = \frac{1}{\sqrt{2\pi}} \int_{-\infty}^{\infty} dx\, e^{-ikx} \int_{-\infty}^{\infty} f(x-\xi)g(\xi)d\xi$$

$$= \frac{1}{\sqrt{2\pi}} \int_{-\infty}^{\infty} d\xi\, g(\xi) \int_{-\infty}^{\infty} dx\, f(x-\xi)e^{-ikx} \quad \text{①}$$

$$\underset{y=x-\xi}{=} \frac{1}{\sqrt{2\pi}} \int_{-\infty}^{\infty} d\xi\, g(\xi) e^{-ik\xi} \int_{-\infty}^{\infty} dy\, f(y) e^{-iky} = \sqrt{2\pi} F(k) G(k)$$

$$\therefore\ \hat{F}[f * g] = \sqrt{2\pi} F(k) G(k)$$

問題 4 次の関数のフーリエ変換を求めよ．

(1) $h(x) = \int_{-\infty}^{\infty} e^{-|\xi|} e^{-|x-\xi|} d\xi$

> **パーセバル−プランシュレルの等式**
>
> $$\int_{-\infty}^{\infty} |f(x)|^2 \, dx = \int_{-\infty}^{\infty} |F(K)|^2 \, dK \tag{2.15}$$
>
> が成り立つ.

$F(k)$ と $G(k)$ のたたみこみを

$$F * G = \int_{-\infty}^{\infty} F(k-K)G(K) \, dK = \int_{-\infty}^{\infty} F(K)G(k-K) \, dK \tag{2.16}$$

で定義する.(2.16)を逆フーリエ変換すれば,§2.4 の ① と同様の計算によって

$$\begin{aligned}
\hat{F}^{-1}[F * G] &= \frac{1}{\sqrt{2\pi}} \int_{-\infty}^{\infty} dk \, e^{ikx} \int_{-\infty}^{\infty} F(k-K)G(K) \, dK \\
&\underset{\lambda=k-K}{=} \frac{1}{\sqrt{2\pi}} \int_{-\infty}^{\infty} d\lambda \, F(\lambda) e^{i\lambda x} \int_{-\infty}^{\infty} G(K) e^{iKx} \, dK = \sqrt{2\pi} f(x) g(x)
\end{aligned} \tag{2.17}$$

したがって,(2.17)のフーリエ変換から

$$\int_{-\infty}^{\infty} F(K)G(k-K) \, dK = \sqrt{2\pi} \hat{F}[f(x)g(x)] = \int_{-\infty}^{\infty} f(x)g(x) e^{-ikx} \, dx \tag{2.18}$$

とくに,(2.18)で $k=0$, $g(x) = f*(x)$ とおくと*

$$\int_{-\infty}^{\infty} |f(x)|^2 \, dx = \int_{-\infty}^{\infty} F(K)G(-K) \, dK$$

$G(-K)$ はフーリエ変換の定義から

---

* $f*$ は複素数 f の共役複素数を表す (p.41).

2.フーリエ変換

$$G(-K) = \frac{1}{\sqrt{2\pi}} \int_{-\infty}^{\infty} dx\, g(x) e^{iKx} = \frac{1}{\sqrt{2\pi}} \int_{-\infty}^{\infty} dx\, f^*(x) e^{iKx}$$

$$= \left(\frac{1}{\sqrt{2\pi}} \int_{-\infty}^{\infty} dx\, f(x) e^{-iKx} \right)^* = F^*(K)$$

ゆえに

$$\int_{-\infty}^{\infty} |f(x)|^2 dx = \int_{-\infty}^{\infty} |F(K)|^2 dK$$

の等式が得られる．この式はパーセバルの等式 (1.12) に対応する式で，連続スペクトル K に対するパーセバル－プランシュレルの等式という．

$f(x)$ が実数関数の場合は，$F^*(k) = F(-k)$ の関係が成り立つことが直接確かめられる．

$$F^*(K) = \left(\frac{1}{\sqrt{2\pi}} \int_{-\infty}^{\infty} dx\, f(x) e^{-iKx} \right)^* = \frac{1}{\sqrt{2\pi}} \int_{-\infty}^{\infty} dx\, f(x) e^{iKx} = F(-K)$$

この場合のパーセバル－プランシュレルの等式は

$$\int_{-\infty}^{\infty} f(x)^2 dx = \int_{-\infty}^{\infty} |F(K)|^2 dK = \int_{-\infty}^{\infty} F(K) F(-K) dK$$

である．

問題 5

(1) 問題 4 の (1) を利用して，次の等式が成り立つことを示せ．

$$\int_{-\infty}^{\infty} e^{-2|x|} dx = \int_{-\infty}^{\infty} F(k)^2 dk, \quad F(k) = \sqrt{\frac{2}{\pi}} \frac{1}{1+k^2}$$

2.5 特殊な関数

> **デルタ関数** 関数 $\delta(x)$ を
>
> $$\delta(x) = \frac{1}{2\pi}\int_{-\infty}^{\infty} e^{ikx} dk \tag{2.19}$$
>
> によって定義する．この関数は次の性質をもつ（【例2】参照）．
>
> $$\int_{-\infty}^{\infty}\delta(x)dx = 1, \quad \delta(x) = \begin{cases} \infty, & x = 0 \\ 0, & x \neq 0 \end{cases} \tag{2.20}$$
>
> $$\int_{-\infty}^{\infty}\delta(x)g(x)dx = g(0) \tag{2.21}$$
>
> ただし，$g(x)$ は $x = 0$ およびその近傍で解析的な関数とする．

(2.20), (2.21) の性質をもつ $\delta(x)$ はディラックのデルタ関数とよばれ，$x = 0$ で発散する解析的でない関数である（§3.3 参照）．これらは超関数とよばれ，理・工学の分野で広く用いられる有用な関数でもある．デルタ関数にはいくつかの表し方があるが，(2.19) はその1つである．

(2.21) の左辺は (2.19) を用いて

$$\int_{-\infty}^{\infty}\delta(x)g(x)dx = \int_{-\infty}^{\infty}dx\,g(x)\frac{1}{2\pi}\int_{-\infty}^{\infty}e^{ikx}dk = \frac{1}{2\pi}\int_{-\infty}^{\infty}dk\int_{-\infty}^{\infty}g(x)e^{ikx}dx$$

ここで，$g(x)$ のフーリエ変換を $G(k)$ とし，反転公式 (2.4) を利用すれば (2.21) が示せる．

$$\int_{-\infty}^{\infty}\delta(x)g(x)dx = \frac{1}{\sqrt{2\pi}}\int_{-\infty}^{\infty}G(k)dk = g(0)$$

$\delta(x)$ のフーリエ変換 $\Delta(k)$ は，(2.21) で $g(x) = e^{-ikx}/\sqrt{2\pi}$, $g(0) = 1/\sqrt{2\pi}$ を用いて

$$\Delta(k) = \frac{1}{\sqrt{2\pi}}\int_{-\infty}^{\infty}\delta(x)\,e^{-ikx}dx = \frac{1}{\sqrt{2\pi}} \qquad ①$$

【例2】関数
$$F_\varepsilon(k) = \frac{1}{\sqrt{2\pi}}\exp(-\varepsilon|k|), \quad \varepsilon > 0 \qquad ②$$

に逆フーリエ変換を用いて原関数 $f_\varepsilon(x)$ を計算し，(2.19) が (2.20) の性質をもつことを示せ．

【解】原関数は，逆フーリエ変換の公式を用いて

$$\begin{aligned}
f_\varepsilon(x) &= \frac{1}{2\pi}\int_{-\infty}^{\infty} e^{-\varepsilon|k|} e^{ikx} dk \\
&= \frac{1}{2\pi}\int_{-\infty}^{\infty} e^{-\varepsilon|k|}(\cos kx + i\sin kx)dk \qquad ③ \\
&= \frac{1}{2\pi}\int_{-\infty}^{\infty} e^{-\varepsilon|k|}\cos kx\, dk = \frac{1}{\pi}\int_0^{\infty} e^{-\varepsilon k}\cos kx\, dk
\end{aligned}$$

(2.30) の演算子 Re を用いて

$$f_\varepsilon(x) = \frac{1}{\pi}\mathrm{Re}\int_0^{\infty} e^{-\varepsilon k} e^{ikx}\, dk = \frac{1}{\pi}\mathrm{Re}\frac{1}{\varepsilon - ix} = \frac{1}{\pi}\frac{\varepsilon}{\varepsilon^2 + x^2} \qquad ④$$

$f_\varepsilon(x)$ は図2.2 の関数である．③ の1行目で $\varepsilon \to 0$ の極限をとれば (2.19) の関数 $\delta(x)$ が得られる．

$$\delta(x) = \lim_{\varepsilon \to 0} f_\varepsilon(x) = \frac{1}{2\pi}\int_{-\infty}^{\infty} e^{ikx}\, dk \qquad ⑤$$

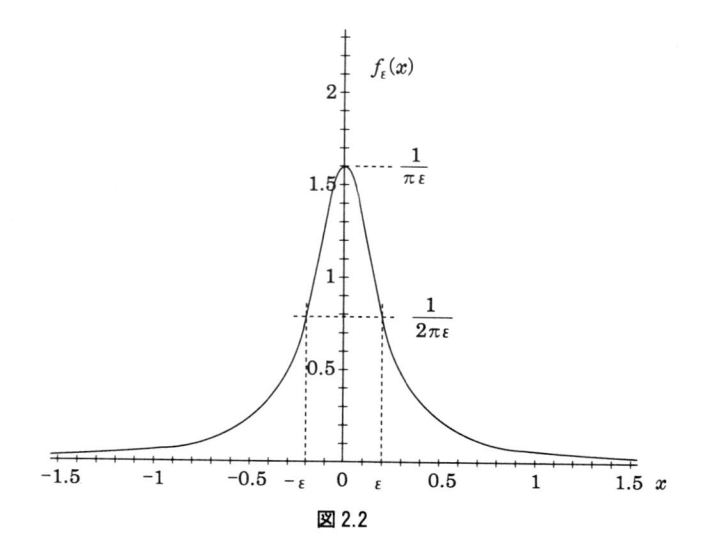

図2.2

④,⑤ から

$$\delta(x) = \lim_{\varepsilon \to 0} f_\varepsilon(x) = \lim_{\varepsilon \to 0} \frac{1}{\pi} \frac{\varepsilon}{\varepsilon^2 + x^2} = \begin{cases} \infty, & x = 0 \\ 0, & x \neq 0 \end{cases} \qquad (2.22)$$

一方

$$\int_{-\infty}^{\infty} f_\varepsilon(x)\,dx = \frac{1}{\pi}\int_{-\infty}^{\infty} \frac{\varepsilon}{\varepsilon^2 + x^2}\,dx = \frac{1}{\pi}\tan^{-1}\left(\frac{x}{\varepsilon}\right)\bigg|_{-\infty}^{\infty} = 1 \qquad ⑥$$

⑥ の両辺で $\varepsilon \to 0$ の極限をとって (2.20) が得られる.

$$\lim_{\varepsilon \to 0}\int_{-\infty}^{\infty} f_\varepsilon(x)\,dx = \int_{-\infty}^{\infty} \delta(x)\,dx = 1 \qquad ⑦$$

(2.19) の δ-関数は

$$\delta(x) = \lim_{n \to \infty} \frac{1}{2\pi}\int_{-n}^{n} e^{ikx}\,dk = \lim_{n \to \infty} \frac{\sin nx}{\pi x} \qquad (2.23)$$

とも書ける.

[注] $\delta(x)$ のフーリエ変換は, ① の $\Delta(k)$ で与えられたが, ② の $\varepsilon \to 0$ の極限値

$$\Delta(k) = \lim_{\varepsilon \to 0} F_\varepsilon(k) = \frac{1}{\sqrt{2\pi}}$$

である.
フーリ変換 (2.3) は (2.4) を用いて

$$F(k) = \frac{1}{2\pi}\int_{-\infty}^{\infty} dx\, e^{-ikx}\int_{-\infty}^{\infty} d\xi\, F(\xi)e^{i\xi x}$$

とも表される. したがって, $F(k)$ は区分的になめらかで, 絶対可積分でなければならない. しかし, $\Delta(k)$ は $\int_{-\infty}^{\infty} |\Delta(k)|dk = \lim_{\varepsilon \to 0}\int_{-\infty}^{\infty} |F_\varepsilon(k)|dk = \infty$ を与え, 絶対可積分でない. 一般に,「区分的になめらかで, 絶対可積分」は必ずしも必要条件ではなく, 積分 (2.3), (2.4) が存在すればフーリエ積分が定義できる.

コーシーの主値とデルタ関数

関数 $f(x)$ が区間 $-\infty < x < \infty$ で解析的であるとき，次の公式が成り立つ．

$$\lim_{\varepsilon \to 0}\int_{-\infty}^{\infty} \frac{f(x)}{x - i\varepsilon}dx = P\int_{-\infty}^{\infty} \frac{f(x)}{x}dx + i\pi \int_{-\infty}^{\infty} f(x)\delta(x)dx \qquad (2.24)$$

ただし，P はコーシーの主値を意味し，次式で定義する．

$$P\int_{-\infty}^{\infty} \frac{f(x)}{x}dx = \lim_{\delta \to 0}\left(\int_{-\infty}^{-\delta} \frac{f(x)}{x}dx + \int_{\delta}^{\infty} \frac{f(x)}{x}dx\right)$$

【証明】積分 $\int_{-\infty}^{\infty} \frac{f(x)}{x-i\varepsilon}dx$ を有理化して

$$\int_{-\infty}^{\infty} \frac{f(x)}{x-i\varepsilon}dx = \int_{-\infty}^{\infty} f(x)\frac{x}{x^2+\varepsilon^2}dx + i\int_{-\infty}^{\infty} f(x)\frac{\varepsilon}{x^2+\varepsilon^2}dx \qquad ①$$

① の右辺1項目で $\varepsilon \to \infty$ の極限をとる．ある微小量 $\delta > \varepsilon$ を用いると

$$\lim_{\varepsilon \to 0}\int_{-\infty}^{\infty} f(x)\frac{x}{x^2+\varepsilon^2}dx$$
$$= \lim_{\varepsilon \to 0}\left(\int_{-\infty}^{-\delta} f(x)\frac{x}{x^2+\varepsilon^2}dx + \int_{\delta}^{\infty} f(x)\frac{x}{x^2+\varepsilon^2}dx + \int_{-\delta}^{\delta} f(x)\frac{x}{x^2+\varepsilon^2}dx\right) \qquad ②$$
$$= \int_{-\infty}^{-\delta} f(x)\frac{1}{x}dx + \int_{\delta}^{\infty} f(x)\frac{1}{x}dx + \lim_{\varepsilon \to 0}\int_{-\delta}^{\delta} f(x)\frac{x}{x^2+\varepsilon^2}dx$$

と書ける．② の右辺3項目は，$f(x)$ のマクローリン展開（付録 A）を用いて

$$\lim_{\varepsilon \to 0}\int_{-\delta}^{\delta} \frac{x}{x^2+\varepsilon^2}\left(f(0) + \sum_{n=1} \frac{f^{(n)}(0)}{n!}x^n\right)dx$$
$$= \lim_{\varepsilon \to 0}f(0)\int_{-\delta}^{\delta} \frac{x}{x^2+\varepsilon^2}dx + \sum_{n=1}\frac{f^{(n)}(0)}{n!}\int_{-\delta}^{\delta} x^{n-1}dx = \sum_{n=0}\frac{f^{(2n+1)}(0)}{(2n+1)!}\frac{2}{2n+1}\delta^{2n+1}$$

$$③$$

ただし，③ の右辺1項目は奇関数の積分であるから0，2項目も奇関数の積分は0であることを用いた．ここで，$\delta \to 0$ とすれば，③は0であるから

$$\lim_{\varepsilon \to 0} \int_{-\infty}^{\infty} f(x) \frac{x}{x^2 + \varepsilon^2} dx$$
$$= \lim_{\delta \to 0} \left(\int_{-\infty}^{-\delta} \frac{f(x)}{x} dx + \int_{\delta}^{\infty} \frac{f(x)}{x} dx \right) = P \int_{-\infty}^{\infty} \frac{f(x)}{x} dx \qquad (2.25)$$

① の右辺2項目の積分に (2.22) のデルタ関数

$$\delta(x) = \lim_{\varepsilon \to 0} \frac{1}{\pi} \frac{\varepsilon}{x^2 + \varepsilon^2}$$

を用いると

$$\lim_{\varepsilon \to 0} i \int_{-\infty}^{\infty} f(x) \frac{\varepsilon}{x^2 + \varepsilon^2} dx = i\pi \int_{-\infty}^{\infty} f(x) \delta(x) dx$$

この式と ①, (2.25) から (2.24) が得られる．

*複素積分による証明

(2.24) は複素積分を利用しても証明できる．半径 R の上半円に沿う積分経路（図2.3(a)）を考える．関数 $f(z)$ は経路で囲まれた領域および経路上において正則で，$|z| = R \to \infty$ に対して $|f(z)| \leq \frac{M}{R^{k-1}}$，$k > 1$ となる正の数 M が存在するものとする．半円周の積分経路を C で表すと

$$\oint \frac{f(z)}{z - i\varepsilon} dz = \int_{-R}^{R} \frac{f(x)}{x - i\varepsilon} dx + \int_{C} \frac{f(z)}{z - i\varepsilon} dz \qquad ④$$

R_0 を十分に大きい半径とすれば，$|z| = R > R_0$ かつ $|z - i\varepsilon| > R\sqrt{1 - 2\varepsilon/R} > R/2$ を満たす R_0 が存在する．この R の領域で，右辺2項目の積分は

$$\left| \int_C \frac{f(z)}{z - i\varepsilon} dz \right| \leq \int_C \frac{|f(z)|}{|z - i\varepsilon|} |dz| \leq \int_C \frac{2|f(z)|}{R} |dz|$$
$$\underset{z = Re^{i\theta}}{=} 2 \int_0^{\pi} |f(z)| d\theta \leq \frac{2M}{R^{k-1}} \int_0^{\pi} d\theta = \frac{2\pi M}{R^{k-1}}$$

したがって，④ は

2．フーリエ変換

$$\lim_{R\to\infty}\oint \frac{f(z)}{z-i\varepsilon}dz = \lim_{R\to\infty}\int_{-R}^{R}\frac{f(x)}{x-i\varepsilon}dx + \lim_{R\to\infty}\frac{2\pi M}{R^{k-1}} = \int_{-\infty}^{\infty}\frac{f(x)}{x-i\varepsilon}dx \qquad ⑤$$

一方，$\varepsilon \to 0$ の極限で積分路は図2.3(b)のようになるが，$f(x)$ が正則な関数であるから積分 ⑤ の左辺の値は同じである．したがって

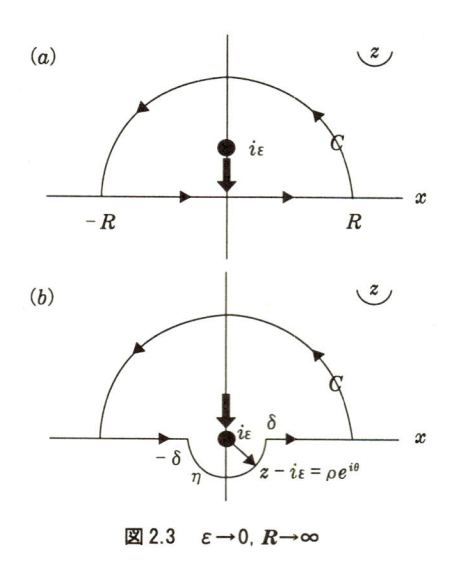

図2.3　$\varepsilon \to 0, R \to \infty$

$$\lim_{R\to\infty}\lim_{\varepsilon\to 0}\oint \frac{f(z)}{z-i\varepsilon}dz$$
$$= P\int_{-\infty}^{\infty}\frac{f(x)}{x}dx + \lim_{\delta\to 0}\lim_{\varepsilon\to 0}\int_{\eta}\frac{f(z)}{z-i\varepsilon}dz + \int_{C\to\infty}\frac{f(z)}{z-i\varepsilon}dz$$
$$= P\int_{-\infty}^{\infty}\frac{f(x)}{x}dx + \lim_{\rho\to 0}\int_{-\pi}^{0}\frac{f(\rho e^{i\theta})}{\rho e^{i\theta}}\rho e^{i\theta}id\theta \qquad ⑥$$
$$= P\int_{-\infty}^{\infty}\frac{f(x)}{x}dx + i\pi f(0)$$

⑥ の右辺1行目の3項目は⑤で述べたように0となる．また，2項目は $z - i\varepsilon = \rho e^{i\theta}$ と変数変換をおこなった．⑤，⑥ から (2.24) が求められる．

練習問題2

【1】次の関数のフーリエ変換を求めよ.

(1) $\quad f(x) = \begin{cases} x^3, & |x| < 1 \\ 0, & |x| > 1 \end{cases}$

(2) $\quad f(x) = \begin{cases} x^2 - 1, & |x| \leq \dfrac{1}{2} \\ 0, & |x| > \dfrac{1}{2} \end{cases}$

【2】$x > 0$ において，関数 $f(x)$ が次式で与えられている．
$$f(x) = e^{-ax}, \quad a > 0$$
このとき，次の等式を証明せよ．
$$\int_0^\infty \frac{\cos kx}{a^2 + k^2} dk = \frac{\pi}{2a} e^{-ax}, \quad x \geq 0$$
$$\int_0^\infty \frac{k \sin kx}{a^2 + k^2} dk = \frac{\pi}{2} e^{-ax}, \quad x > 0$$

【3】*(1) $\exp(-ax^2)$, $a > 0$ のフーリエ変換は次式で表されることを示せ．

$$F(k) = \frac{1}{\sqrt{2a}} \exp\left(-\frac{k^2}{4a}\right) \tag{2.26}$$

ただし，必要ならば積分公式
$$\int_{-\infty}^\infty e^{-ax^2} dx = \sqrt{\frac{\pi}{a}} \tag{2.27}$$
を用いよ．

(2) $f(x) = \exp(-iax^2)$ (a:実数) のフーリエ変換は次式で表されることを示せ．

$$F(k) = \frac{1}{\sqrt{2|a|}} e^{i\left(\frac{k^2}{4a} \mp \frac{\pi}{4}\right)}, \quad \begin{cases} a > 0 \\ a < 0 \end{cases} \tag{2.28}$$

ただし，必要ならばフレネルの積分公式

$$\int_{-\infty}^{\infty}\cos ax^2 dx = \sqrt{\frac{\pi}{2a}}, \quad \int_{-\infty}^{\infty}\sin ax^2 dx = \sqrt{\frac{\pi}{2a}} \tag{2.29}$$

を用いよ．（$f(x)$ は絶対可積分ではないが，フーリエ変換は存在する．(p.55 の ［注］参照))．

【4】次の積分方程式が与えられている．

$$\int_{-\infty}^{\infty} e^{-2|x-\xi|} f(\xi)d\xi = e^{-a|x|}, \quad a > 0$$

(1) $f(x)$ のフーリエ変換 $F(k)$ を求めよ．

(2) $a = 2$ のとき，$f(x)$ を求めよ．

【5】次の等式を証明せよ．

(1) $\displaystyle\frac{2}{\pi}\int_0^{\infty}\frac{(1-\cos k)\sin kx}{k}dk = \begin{cases} -\frac{1}{2}, & x = -1 \\ -1, & -1 < x < 0 \\ 1, & 0 < x < 1 \\ \frac{1}{2}, & x = 1 \\ 0, & |x| > 1, \ x = 0 \end{cases}$

(2) $\displaystyle\frac{1}{\pi}\int_0^{\infty}\frac{k\sin k(1-x) + \cos k(1-x) - \cos kx}{k^2}dk = \begin{cases} x, & 0 \leq x < 1 \\ \frac{1}{2}, & x = 1 \\ 0, & x < 0, \ x > 1 \end{cases}$

問題解答

問題 1　(1)　$f(x) = e^{-a|x|}$ は x の偶関数であるから

$$\hat{F}[f] = \frac{1}{\sqrt{2\pi}} \int_{-\infty}^{\infty} e^{-a|x|} e^{-ikx} dx = \frac{1}{\sqrt{2\pi}} \int_{-\infty}^{\infty} e^{-a|x|} (\cos kx - i\sin kx) dx$$
$$= \frac{1}{\sqrt{2\pi}} \int_{-\infty}^{\infty} e^{-a|x|} \cos kx \, dx = \frac{2}{\sqrt{2\pi}} \int_{0}^{\infty} e^{-ax} \cos kx \, dx \quad \text{①}$$

ここで，$\cos kx = \mathrm{Re}\, e^{-ikx}$ を導入する．Re は「実数部分のみをとる」という演算子である．同様に $\mathrm{Im}\, e^{-ikx}$ は e^{-ikx} の「虚数部分のみをとる」という演算子である．したがって

$$\mathrm{Re}\, e^{-ikx} = \mathrm{Re}(\cos kx - i\sin kx) = \cos kx$$
$$\mathrm{Im}\, e^{-ikx} = \mathrm{Im}(\cos kx - i\sin kx) = -\sin kx \quad (2.30)$$

これを用いて ① は

$$\hat{F}[f] = \sqrt{\frac{2}{\pi}} \int_{0}^{\infty} e^{-ax} \mathrm{Re}(e^{-ikx}) dx = \sqrt{\frac{2}{\pi}} \mathrm{Re} \int_{0}^{\infty} e^{-ax} e^{-ikx} dx = -\sqrt{\frac{2}{\pi}} \mathrm{Re} \left. \frac{e^{-(a+ik)x}}{a+ik} \right|_{0}^{\infty} \quad \text{②}$$

さらに，$|e^{-ikx}| = 1$ に注意して

$$e^{-(a+ik)\infty} = \lim_{x \to \infty} e^{-(a+ik)x} \leq \lim_{x \to \infty} |e^{-(a+ik)x}| = \lim_{x \to \infty} e^{-ax} |e^{-ikx}| = \lim_{x \to \infty} e^{-ax} = 0$$

ゆえに ② は

$$\hat{F}[f] = \sqrt{\frac{2}{\pi}} \mathrm{Re} \frac{1}{a+ik} = \sqrt{\frac{2}{\pi}} \mathrm{Re} \frac{a-ik}{a^2+k^2} = \sqrt{\frac{2}{\pi}} \frac{a}{a^2+k^2}$$

(2)　フーリエ変換は

$$F(k) = \frac{1}{\sqrt{2\pi}} \int_{-a}^{a} x e^{-ikx} dx = \frac{1}{\sqrt{2\pi}} \left(\left. \frac{1}{-ik} x e^{-ikx} \right|_{-a}^{a} + \frac{1}{ik} \int_{-a}^{a} e^{-ikx} dx \right)$$
$$= \frac{1}{\sqrt{2\pi}} \left(i\frac{1}{k}(ae^{-ika} + ae^{ika}) - \frac{1}{ik}\frac{1}{ik}(e^{-ika} - e^{ika}) \right)$$
$$= i\sqrt{\frac{2}{\pi}} \frac{1}{k^2} (ka\cos ka - \sin ka)$$

問題 2 (1) 問題 1 の (2) のフーリエ変換 $F(k)$ を用いて，逆変換を求めよう．$F(k)$ を $f(x) = \dfrac{1}{\sqrt{2\pi}} \displaystyle\int_{-\infty}^{\infty} F(k) e^{ikx} \, dk$ に代入し，$F(k)$ が奇関数であることに留意すると

$$f(x) = i\frac{1}{\pi} \int_{-\infty}^{\infty} \left(a\frac{\cos ka}{k} - \frac{\sin ka}{k^2} \right) e^{ikx} \, dk$$

$$= i\frac{1}{\pi} \int_{-\infty}^{\infty} \left(a\frac{\cos ka}{k} - \frac{\sin ka}{k^2} \right) (\cos kx + i \sin kx) \, dk$$

$$= \frac{1}{\pi} \int_{-\infty}^{\infty} \frac{\sin ka - ka \cos ka}{k^2} \sin kx \, dk = \frac{2}{\pi} \int_{0}^{\infty} \frac{\sin ka - ka \cos ka}{k^2} \sin kx \, dk$$

ゆえに $x = \pm a$ で $f(x) = \pm \dfrac{a}{2}$ であることに注意して
(図 2.4)

$$\int_{0}^{\infty} \frac{\sin ka - ka \cos ka}{k^2} \sin kx \, dk = \begin{cases} 0, & |x| > a \\ \dfrac{\pi}{2} x, & |x| < a \\ \pm \dfrac{\pi a}{4}, & x = \pm a \end{cases}$$

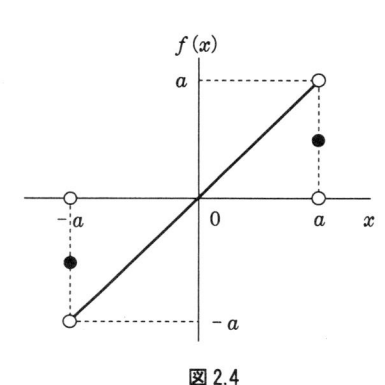

図 2.4

(2) フーリエ変換は

$$F(k) = \frac{1}{\sqrt{2\pi}} \int_{-1}^{1} e^{-ikx} \, dx = \frac{1}{\sqrt{2\pi}} \frac{1}{-ik} e^{-ikx} \Big|_{-1}^{1}$$

$$= \frac{1}{\sqrt{2\pi}} \frac{1}{ik} \left(e^{ik} - e^{-ik} \right) = \frac{2}{\sqrt{2\pi}} \frac{\sin k}{k}$$

したがって

$$f(x) = \frac{1}{\sqrt{2\pi}} \frac{2}{\sqrt{2\pi}} \int_{-\infty}^{\infty} \frac{\sin k}{k} e^{ikx} \, dk$$

$$= \frac{1}{\pi} \int_{-\infty}^{\infty} \frac{\sin k}{k} (\cos kx + i \sin kx) \, dk = \frac{2}{\pi} \int_{0}^{\infty} \frac{\sin k \cos kx}{k} \, dk$$

これから

$$\frac{2}{\pi} \int_{0}^{\infty} \frac{\sin k \cos kx}{k} \, dk = \begin{cases} 0, & |x| > 1 \\ 1, & |x| < 1 \\ \dfrac{1}{2}, & x = \pm 1 \end{cases}$$

であるから

$$\int_0^\infty \frac{\sin k \cos kx}{k} dk = \begin{cases} 0, & |x| > 1 \\ \dfrac{\pi}{2}, & |x| < 1 \\ \dfrac{\pi}{4}, & x = \pm 1 \end{cases}$$

(3)　$\sin x$ のフーリエ変換は

$$F(k) = \frac{1}{\sqrt{2\pi}} \int_{-\pi}^{\pi} \sin x \, e^{-ikx} dx = -i \frac{1}{\sqrt{2\pi}} \int_{-\pi}^{\pi} \sin x \sin kx \, dx$$

$$= -i \frac{1}{\sqrt{2\pi}} \int_0^\pi (\cos(k-1)x - \cos(k+1)x) \, dx$$

$$= -i \frac{1}{\sqrt{2\pi}} \left(\frac{\sin(k-1)\pi}{k-1} - \frac{\sin(k+1)\pi}{k+1} \right) = i \frac{2}{\sqrt{2\pi}} \frac{\sin k\pi}{k^2 - 1}$$

反転公式より

$$f(x) = i \frac{1}{\pi} \int_{-\infty}^{\infty} \frac{\sin k\pi}{k^2 - 1} e^{ikx} dk = \frac{1}{\pi} \int_{-\infty}^{\infty} \frac{\sin k\pi \sin kx}{1 - k^2} dk$$

$f(x)$ は連続であるから

$$f(x) = \frac{1}{\pi} \int_{-\infty}^{\infty} \frac{\sin k\pi \sin kx}{1 - k^2} dk = \frac{2}{\pi} \int_0^\infty \frac{\sin k\pi \sin kx}{1 - k^2} dk = \begin{cases} \sin x & |x| \leq \pi \\ 0 & |x| > \pi \end{cases}$$

問題3　(1)　偶関数であるから（図2.5），フーリエ余弦公式 (2.8) を用いて

$$\hat{F}[f] = \sqrt{\frac{2}{\pi}} \int_0^2 (1 - \frac{x}{2}) \cos kx \, dx$$

$$= \sqrt{\frac{2}{\pi}} \left\{ (1 - \frac{x}{2}) \frac{\sin kx}{k} \bigg|_0^2 + \frac{1}{2k} \int_0^2 \sin kx \, dx \right\}$$

$$= -\sqrt{\frac{2}{\pi}} \frac{\cos kx}{2k^2} \bigg|_0^2 = \frac{1}{\sqrt{2\pi}} \frac{1 - \cos 2k}{k^2}$$

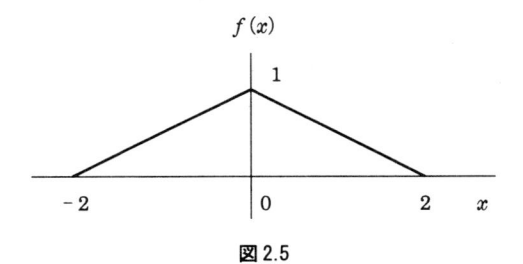

図2.5

【別解】問題 1 の (1) と同様に，複素フーリエ変換すると

$$\hat{F}[f] = \frac{1}{\sqrt{2\pi}} \int_{-2}^{2} (1 - \frac{|x|}{2}) e^{-ikx} dx = \frac{1}{\sqrt{2\pi}} \int_{-2}^{2} (1 - \frac{|x|}{2})(\cos kx - i \sin kx) dx$$

$$= \sqrt{\frac{2}{\pi}} \int_{0}^{2} (1 - \frac{x}{2}) \cos kx \, dx = \sqrt{\frac{2}{\pi}} \mathrm{Re} \int_{0}^{2} (1 - \frac{x}{2}) e^{-ikx} dx$$

$$= \frac{1}{\sqrt{2\pi}} \frac{1 - \cos 2k}{k^2}$$

(2) 1. 偶関数の場合：余弦変換の公式 (2.8) を用いて

$$\hat{F}[f] = \sqrt{\frac{2}{\pi}} \int_{0}^{1} (1 - x) \cos kx \, dx$$

$$= \sqrt{\frac{2}{\pi}} \left\{ (1 - x) \frac{\sin kx}{k} \Big|_{0}^{1} + \frac{1}{k} \int_{0}^{1} \sin kx \, dx \right\}$$

$$= -\sqrt{\frac{2}{\pi}} \frac{\cos kx}{k^2} \Big|_{0}^{1} = \sqrt{\frac{2}{\pi}} \frac{1 - \cos k}{k^2}$$

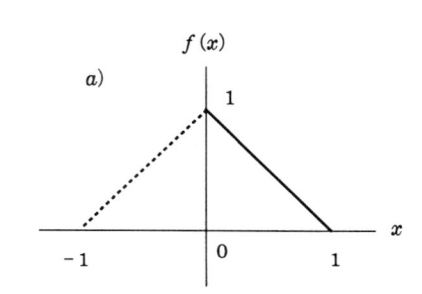

2. 奇関数の場合：正弦変換の公式 (2.9) を用いて

$$\hat{F}[f] = \sqrt{\frac{2}{\pi}} \int_{0}^{1} (1 - x) \sin kx \, dx$$

$$= \sqrt{\frac{2}{\pi}} \left\{ -(1 - x) \frac{\cos kx}{k} \Big|_{0}^{1} - \frac{1}{k} \int_{0}^{1} \cos kx \, dx \right\} \quad ①$$

$$= \sqrt{\frac{2}{\pi}} \left(\frac{1}{k} - \frac{\sin kx}{k^2} \Big|_{0}^{1} \right) = \sqrt{\frac{2}{\pi}} \left(\frac{1}{k} - \frac{\sin k}{k^2} \right)$$

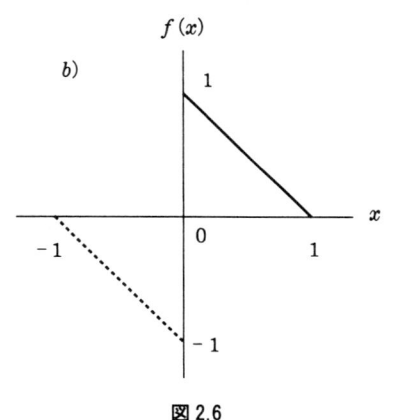

【別解】複素フーリエ変換を用いれば

図 2.6

$$\hat{F}[f] = \frac{1}{\sqrt{2\pi}} \int_{-1}^{1} f(x) e^{-ikx} dx = \frac{1}{\sqrt{2\pi}} \int_{-1}^{1} f(x)(\cos kx - i \sin kx) dx$$

$$= -i \sqrt{\frac{2}{\pi}} \int_{0}^{1} (1 - x) \sin kx \, dx = i \sqrt{\frac{2}{\pi}} \mathrm{Im} \int_{0}^{1} (1 - x) e^{-ikx} dx$$

$$= -i \sqrt{\frac{2}{\pi}} \left(\frac{1}{k} - \frac{\sin k}{k^2} \right)$$

$f(x)$ は奇関数であるから $f(x)\cos kx$ の項の積分は 0 である.

【注意】 奇関数の複素フーリエ変換は，フーリエ正弦変換の公式 (2.9) を用いて得られた値①と，$-i$ だけ異なる．これは，フーリエ変換の定義が異なるからである．反転公式を用いれば，いずれも，等しい原関数を得る.

(3) 問題1の(2)に対しても，問題3の(2)-2と同様，$-i$ だけ異なる結果が得られる.

$$F(k) = \sqrt{\frac{2}{\pi}} \int_0^a x \sin kx\, dx = \sqrt{\frac{2}{\pi}} \left(-\frac{a}{k}\cos ka + \frac{1}{k}\int_0^a \cos kx\, dx \right)$$
$$= -\sqrt{\frac{2}{\pi}} \frac{1}{k^2}(ka\cos ka - \sin ka)$$

問題4 (1) 問題1の(1)より
$$\hat{F}\left[e^{-|x|}\right] = \sqrt{\frac{2}{\pi}} \frac{1}{1+k^2}$$

したがって，合成積のフーリエ変換の公式 (2.14) を用いて

$$\hat{F}[h] = \sqrt{2\pi}\, \hat{F}\left[e^{-|x|}\right]\hat{F}\left[e^{-|x|}\right] = \sqrt{2\pi}\, \hat{F}\left[e^{-|x|}\right]^2$$
$$= \sqrt{2\pi}\left(\sqrt{\frac{2}{\pi}}\frac{1}{1+k^2}\right)^2 = 2\sqrt{\frac{2}{\pi}}\frac{1}{(1+k^2)^2}$$

問題5 (1) 問題4の(1)より
$$\hat{F}\left[\int_{-\infty}^{\infty} e^{-|\xi|} e^{-|x-\xi|}\, d\xi\right] = \sqrt{2\pi}\left(\sqrt{\frac{2}{\pi}}\frac{1}{1+k^2}\right)^2$$

したがって，反転公式を用いて

$$\int_{-\infty}^{\infty} e^{-|\xi|} e^{-|x-\xi|}\, d\xi = \hat{F}^{-1}\left[\sqrt{2\pi}\left(\sqrt{\frac{2}{\pi}}\frac{1}{1+k^2}\right)^2\right] = \int_{-\infty}^{\infty}\left(\sqrt{\frac{2}{\pi}}\frac{1}{1+k^2}\right)^2 e^{ikx}\, dk$$
$$= \int_{-\infty}^{\infty} F(k)^2 e^{ikx}\, dk$$

ここで，$x = 0$ とおけば

$$\int_{-\infty}^{\infty} e^{-2|\xi|} d\xi = \int_{-\infty}^{\infty} F(k)^2 dk$$

ゆえに

$$\int_{-\infty}^{\infty} e^{-2|x|} dx = \int_{-\infty}^{\infty} F(k)^2 dk$$

練習問題2解答

【1】 (1)

$$\hat{F}[f] = \frac{1}{\sqrt{2\pi}}\int_{-1}^{1} x^3 e^{-ikx} dx = \frac{1}{\sqrt{2\pi}}\left(\frac{1}{-ik} x^3 e^{-ikx}\Big|_{-1}^{1} + \frac{3}{ik}\int_{-1}^{1} x^2 e^{-ikx} dx\right)$$

$$= \frac{1}{\sqrt{2\pi}}\left(i\frac{1}{k}(e^{ik} + e^{-ik}) - \frac{3}{k^2}(e^{ik} - e^{-ik}) - \frac{6}{k^2}\int_{-1}^{1} x e^{-ikx} dx\right)$$

$$= \frac{1}{\sqrt{2\pi}}\left(i\frac{2}{k}\cos k - i\frac{6}{k^2}\sin k + \frac{6}{ik^3}(e^{ik} + e^{-ik}) - \frac{6}{ik^3}\int_{-1}^{1} e^{-ikx} dx\right)$$

$$= \frac{1}{\sqrt{2\pi}}\left(i\frac{2}{k}\cos k - i\frac{6}{k^2}\sin k - i\frac{12}{k^3}\cos k + \frac{6}{k^4}(e^{ik} - e^{-ik})\right)$$

$$= \frac{i}{\sqrt{2\pi}}\left(\frac{2}{k}\cos k - \frac{6}{k^2}\sin k - \frac{12}{k^3}\cos k + \frac{12}{k^4}\sin k\right)$$

$$= i\sqrt{\frac{2}{\pi}}\frac{1}{k}\left\{\left(1 - \frac{6}{k^2}\right)\cos k - \frac{3}{k}\left(1 - \frac{2}{k^2}\right)\sin k\right\}$$

図 2.7

図 2.8

(2)

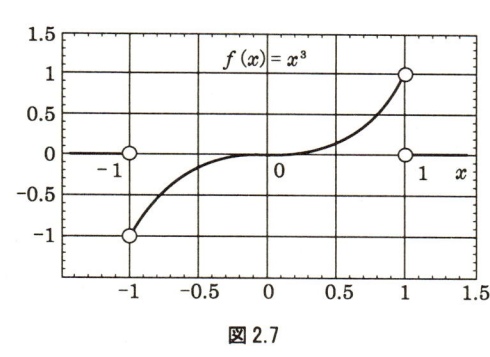

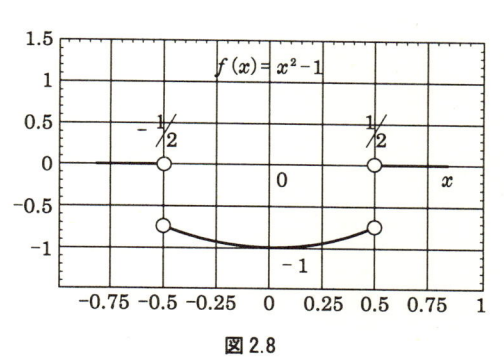

$$\hat{F}[f] = \frac{1}{\sqrt{2\pi}}\int_{-1/2}^{1/2}(x^2 - 1)e^{-ikx} dx = \frac{1}{\sqrt{2\pi}}\left(\frac{1}{-ik}(x^2 - 1)e^{-ikx}\Big|_{-1/2}^{1/2} + \frac{2}{ik}\int_{-1/2}^{1/2} x e^{-ikx} dx\right)$$

$$= \frac{1}{\sqrt{2\pi}}\left(i\frac{3}{4k}(e^{ik/2} - e^{-ik/2}) + \frac{1}{k^2}(e^{ik/2} + e^{-ik/2}) - \frac{2}{k^2}\int_{-1/2}^{1/2} e^{-ikx} dx\right)$$

$$= \frac{1}{\sqrt{2\pi}}\left(-\frac{3}{2k}\sin\frac{k}{2} + \frac{2}{k^2}\cos\frac{k}{2} - \frac{4}{k^3}\sin\frac{k}{2}\right)$$

$$= \frac{1}{\sqrt{2\pi}k}\left\{\frac{2}{k}\cos\frac{k}{2} - \frac{3}{2}\left(1 + \frac{8}{3k^2}\right)\sin\frac{k}{2}\right\}$$

【2】偶関数 $f(-x) = f(x)$ として拡張すると，フーリエ積分は (2.1) から

$$f(x) = \frac{1}{2\pi}\int_{-\infty}^{\infty} dk\, e^{ikx} \int_{-\infty}^{\infty} d\xi\, f(\xi) e^{-ik\xi} = \frac{1}{2\pi}\int_{-\infty}^{\infty} dk\, e^{ikx} \int_{-\infty}^{\infty} d\xi\, f(\xi)\cos k\xi \qquad ①$$

$$= \frac{2}{\pi}\int_0^{\infty} dk\cos kx \int_0^{\infty} d\xi\, f(\xi)\cos k\xi$$

$$\therefore \int_{-\infty}^{\infty} d\xi\, f(\xi) e^{-ik\xi} = \int_{-\infty}^{\infty} d\xi\, f(\xi)(\cos k\xi - i\sin k\xi) = \begin{cases} 2\int_0^{\infty} d\xi\, f(\xi)\cos k\xi & \text{偶関数} \quad ② \\ -i2\int_0^{\infty} d\xi\, f(\xi)\sin k\xi & \text{奇関数} \quad ③ \end{cases}$$

奇関数 $f(-x) = -f(x)$ として拡張すると，③を用いてフーリエ積分は

$$f(x) = \frac{-i}{\pi}\int_{-\infty}^{\infty} dk\, e^{ikx} \int_0^{\infty} d\xi\, f(\xi)\sin k\xi = \frac{2}{\pi}\int_0^{\infty} dk\sin kx \int_0^{\infty} d\xi\, f(\xi)\sin k\xi \qquad ④$$

と求まる．一方

$$\int_0^{\infty} d\xi\, f(\xi) e^{ik\xi} = \int_0^{\infty} d\xi\, e^{-a\xi + ik\xi} = \frac{1}{a - ik} = \frac{a + ik}{a^2 + k^2} \qquad ⑤$$

⑤ の左辺にオイラーの公式 (1.17) を用いて，それぞれ，両辺の実数部，虚数部を等しくおけば

$$\int_0^{\infty} d\xi\, e^{-a\xi}\cos k\xi = \frac{a}{a^2 + k^2}$$

$$\int_0^{\infty} d\xi\, e^{-a\xi}\sin k\xi = \frac{k}{a^2 + k^2}$$

これらを ①，④ に代入する．偶関数の場合は $x = 0$ で連続であるから

$$f(x) = \frac{2}{\pi}\int_0^{\infty} \frac{a\cos kx}{a^2 + k^2} dk = e^{-ax}, \quad x \geq 0$$

奇関数の場合は $x = 0$ で不連続であるから，$x = 0$ を含めない．

$$f(x) = \frac{2}{\pi}\int_0^\infty \frac{k\sin kx}{a^2+k^2}dk = e^{-ax}, \quad x>0$$

なぜなら，不連続点 $x=0$ では上式左辺は $f(0)=\frac{2}{\pi}\int_0^\infty \frac{k\sin k0}{a^2+k^2}dk=0$ を与え，右辺 $e^{-ax}\big|_{x=0}=1$ と等しくないからである．

【3】*(1) フーリエ変換は

$$F(k) = \frac{1}{\sqrt{2\pi}}\int_{-\infty}^\infty e^{-ax^2}e^{-ikx}dx = \frac{1}{\sqrt{2\pi}}e^{-\frac{k^2}{4a}}\int_{-\infty}^\infty e^{-a(x+i\frac{k}{2a})^2}dx$$

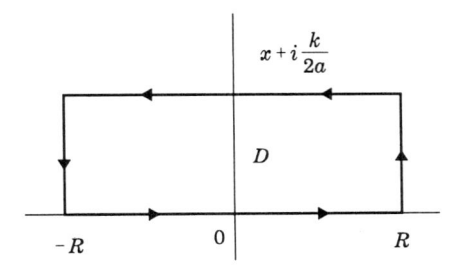

図 2.9 積分経路 $R\to\infty$

積分 $\int_{-\infty}^\infty e^{-a(x+i\frac{k}{2a})^2}dx$ は複素積分 $\oint e^{-az^2}dz$ を用いて求められる．図2.8 に沿う積分は領域 D に特異点が存在しないことから

$$I = \oint e^{-az^2}dz = \int_{-R}^R e^{-ax^2}dx + \int_R^{R+i\frac{k}{2a}} e^{-az^2}dz + \int_{R+i\frac{k}{2a}}^{-R+i\frac{k}{2a}} e^{-az^2}dz + \int_{-R+i\frac{k}{2a}}^{-R} e^{-az^2}dz = 0$$

$R\to\infty$ の極限で，右辺第2，4項目は0となる．したがって

$$\lim_{R\to\infty}\int_{-R}^R e^{-ax^2}dx = -\lim_{R\to\infty}\int_{R+i\frac{k}{2a}}^{-R+i\frac{k}{2a}} e^{-az^2}dz = \lim_{R\to\infty}\int_{-R}^R e^{-a(x+i\frac{k}{2a})^2}dx$$

積分公式 (2.27) を用いれば

$$\int_{-\infty}^\infty e^{-a(x+i\frac{k}{2a})^2}dx = \int_{-\infty}^\infty e^{-ax^2}dx = \sqrt{\frac{\pi}{a}}$$

2．フーリエ変換

したがって
$$\hat{F}\left[e^{-ax^2}\right] = \frac{1}{\sqrt{2a}} e^{-\frac{k^2}{4a}}$$

(2) フーリエ変換は，積分公式(2.29)を用いて

$$F(k) = \frac{1}{\sqrt{2\pi}} \int_{-\infty}^{\infty} e^{-iax^2} e^{-ikx} dx = \frac{1}{\sqrt{2\pi}} e^{i\frac{k^2}{4a}} \int_{-\infty}^{\infty} e^{-ia(x+\frac{k}{2a})^2} dx$$

$$\underset{y=x+\frac{k}{2a}}{=} \frac{1}{\sqrt{2\pi}} e^{i\frac{k^2}{4a}} \int_{-\infty}^{\infty} e^{-iay^2} dy = \frac{1}{\sqrt{2\pi}} e^{i\frac{k^2}{4a}} \int_{-\infty}^{\infty} \left(\cos ay^2 - i\sin ay^2\right) dy$$

$$= \frac{1}{\sqrt{2|a|}} e^{i\frac{k^2}{4a}} \frac{1 \mp i}{\sqrt{2}} = \frac{1}{\sqrt{2|a|}} e^{i(\frac{k^2}{4a} \mp \frac{\pi}{4})}, \quad \begin{cases} a > 0 \\ a < 0 \end{cases}$$

この積分は $e^{\mp i\frac{\pi}{4}} = \sqrt{e^{\mp i\frac{\pi}{2}}} = \sqrt{\mp i}$ を用いれば

$$\hat{F}\left[e^{-iax^2}\right] = \frac{1}{\sqrt{\pm i2|a|}} e^{i\frac{k^2}{4a}}, \quad \begin{cases} a > 0 \\ a < 0 \end{cases}$$

(2.25)とから，a が $a > 0$ および純虚数（$a \to ia$）に対して次の公式が成り立つ．

$$\boxed{\hat{F}\left[e^{-ax^2}\right] = \frac{1}{\sqrt{2a}} e^{-\frac{k^2}{4a}}}$$

【4】(1) 合成積のフーリエ変換の公式(2.14)を用いて

$$\sqrt{2\pi}\, \hat{F}[e^{-2|x|}] F(k) = \hat{F}[e^{-a|x|}]$$

問題1の(1)の結果を利用して

$$\sqrt{2\pi} \sqrt{\frac{2}{\pi}} \frac{2}{4+k^2} F(k) = \sqrt{\frac{2}{\pi}} \frac{a}{a^2+k^2}$$

$$\therefore \quad F(k) = \frac{a}{2\sqrt{2\pi}} \frac{k^2+4}{k^2+a^2}$$

(2)
$$f(x) = \frac{a}{4\pi}\int_{-\infty}^{\infty}\frac{4+k^2}{a^2+k^2}e^{ikx}\,dk = \frac{1}{2\pi}\int_{-\infty}^{\infty}e^{ikx}\,dk = \delta(x)$$

【5】(1)　$f(x)$ は奇関数（図2.10）であるから，フーリエ変換は

$$F(k) = \frac{1}{\sqrt{2\pi}}\int_{-1}^{1}f(x)e^{-ikx}\,dx = -i\sqrt{\frac{2}{\pi}}\int_{0}^{1}\sin kx\,dx$$
$$= i\sqrt{\frac{2}{\pi}}\frac{\cos k - 1}{k}$$

反転公式を用いて

$$f(x) = \frac{1}{\sqrt{2\pi}}\int_{-\infty}^{\infty}F(k)e^{ikx}\,dk = i\frac{1}{\pi}\int_{-\infty}^{\infty}\frac{\cos k - 1}{k}e^{ikx}\,dk$$
$$= i\frac{1}{\pi}\int_{-\infty}^{\infty}\frac{\cos k - 1}{k}(\cos kx + i\sin kx)\,dk$$
$$= -\frac{2}{\pi}\int_{0}^{\infty}\frac{(\cos k - 1)\sin kx}{k}\,dk$$

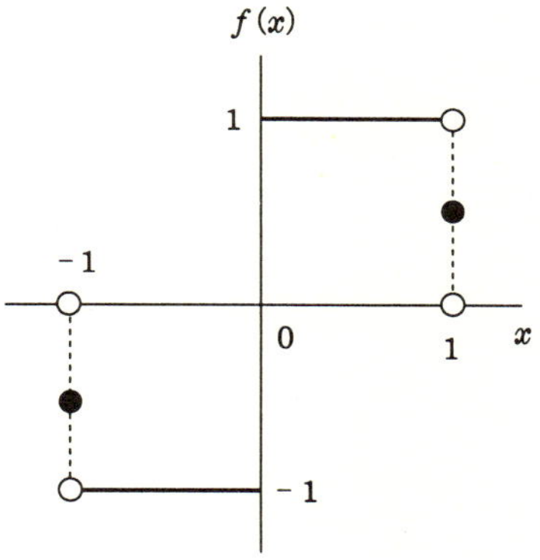

また，$f(x)$ は図2.10から

$$f(x) = \begin{cases} -\dfrac{1}{2}, & x = -1 \\ -1, & -1 < x < 0 \\ 1, & 0 < x < 1 \\ \dfrac{1}{2}, & x = 1 \\ 0, & |x| > 1,\ x = 0 \end{cases}$$

図2.10

したがって

$$\frac{2}{\pi}\int_{0}^{\infty}\frac{(1-\cos k)\sin kx}{k}\,dk = \begin{cases} -\dfrac{1}{2}, & x = -1 \\ -1, & -1 < x < 0 \\ 1, & 0 < x < 1 \\ \dfrac{1}{2}, & x = 1 \\ 0, & |x| > 1,\ x = 0 \end{cases}$$

(2) フーリエ変換は

$$F(k) = \frac{1}{\sqrt{2\pi}}\int_0^1 x e^{-ikx}\,dx = \frac{1}{\sqrt{2\pi}}\left(\frac{e^{-ik}}{-ik} + \frac{1}{ik}\int_0^1 e^{-ikx}\,dx\right)$$

$$= \frac{1}{\sqrt{2\pi}}\left(\frac{e^{-ik}}{-ik} + \frac{e^{-ik}-1}{k^2}\right)$$

$$= \frac{1}{\sqrt{2\pi}\,k^2}\left(k\sin k + \cos k - 1 + i(k\cos k - \sin k)\right)$$

反転公式を用いて

$$f(x) = \frac{1}{\sqrt{2\pi}}\int_{-\infty}^{\infty} F(k)e^{ikx}\,dk = \frac{1}{2\pi}\int_{-\infty}^{\infty}\frac{(k\sin k + \cos k - 1 + i(k\cos k - \sin k))}{k^2}e^{ikx}\,dk$$

$$= \frac{1}{2\pi}\int_{-\infty}^{\infty}\frac{(k\sin k + \cos k - 1)\cos kx - (k\cos k - \sin k)\sin kx}{k^2}\,dk$$

$$= \frac{1}{2\pi}\int_{-\infty}^{\infty}\frac{k(\sin k \cos kx - \cos k \sin kx) + \cos k \cos kx + \sin k \sin kx - \cos kx}{k^2}\,dk$$

$$= \frac{1}{\pi}\int_0^{\infty}\frac{k\sin k(1-x) + \cos k(1-x) - \cos kx}{k^2}\,dk$$

$f(x)$ は

$$f(x) = \begin{cases} x, & 0 \le x < 1 \\ \dfrac{1}{2}, & x = 1 \\ 0, & x < 0,\ x > 1 \end{cases}$$

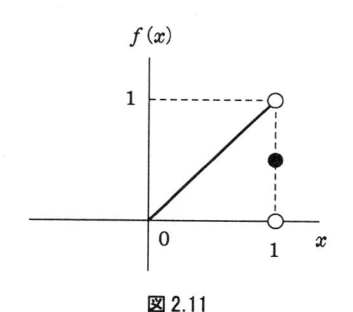

図 2.11

したがって

$$\frac{1}{\pi}\int_0^{\infty}\frac{k\sin k(1-x) + \cos k(1-x) - \cos kx}{k^2}\,dk = \begin{cases} x, & 0 \le x < 1 \\ \dfrac{1}{2}, & x = 1 \\ 0, & x < 0,\ x > 1 \end{cases}$$

3 偏微分方程式のフーリエ解析

3.1 波動方程式の境界値問題とフーリエ級数

> **波動方程式**
> $$\frac{\partial^2 u(x,t)}{\partial t^2} = c^2 \frac{\partial^2 u(x,t)}{\partial x^2}, \quad c > 0 \tag{3.1}$$

　方程式 (3.1) は 1 次元の波動方程式である．$u(x,t)$ は位置 x，時刻 t における波の振幅を表し，c は速さを意味する係数である．偏微分方程式の解 $u(x,t)$ を求めることを微分方程式を解くといい，任意関数を含む解を一般解という．

初期条件と境界条件　一意的な解を得るためには，偏微分方程式が定義されている領域の境界上で，条件を指定する必要がある．たとえば，次の 3 つがあげられる．
(1) 境界上での解の値が指定されている．
(2) 境界上で，解の偏導関数のうちいくつかの値が指定されている．
(3) 境界上で，解の値とその偏導関数の値との間の関係式が与えられている．

　このような条件を境界条件（広義）といい，境界条件のもとで解を求める問題を境界値問題という．特に独立変数の 1 つが時間（t）である場合に，与えられる境界条件を初期条件，それ以外の変数に対して与えられる条件を境界条件（狭義）という．初期条件，境界条件のもとに解を求めるとき，それぞれ初期値問題，境界値問題という．

両端固定の弦の振動　両端が固定された弦の振動が，次の境界条件を満足する：$u(x,t)$ が区間 $0 \leq x \leq \ell$ で定義されており

境界条件： $u(0,t) = 0,\ u(\ell,t) = 0$ (3.2)

初期条件： $u(x,0) = u(x),\ \dfrac{\partial}{\partial t}u(x,t)\Big|_{t=0} \equiv u_t(x,0) = v(x)$ (3.3)

この場合の解をフーリエ級数によって求めよう．

変数分離法　$u(x,t) = X(x)T(t)$ と変数分離が可能な解を変数分離解という．(3.1) に代入すると

$$\frac{1}{c^2 T(t)}\frac{d^2 T(t)}{dt^2} = \frac{1}{X(x)}\frac{d^2 X(x)}{dx^2}$$

と変形できる．左辺は t，右辺は x だけの関数で表されているから，これらは定数でなければならない．定数 k を用いて

$$\frac{1}{c^2 T(t)}\frac{d^2 T(t)}{dt^2} = \frac{1}{X(x)}\frac{d^2 X(x)}{dx^2} = -k^2$$

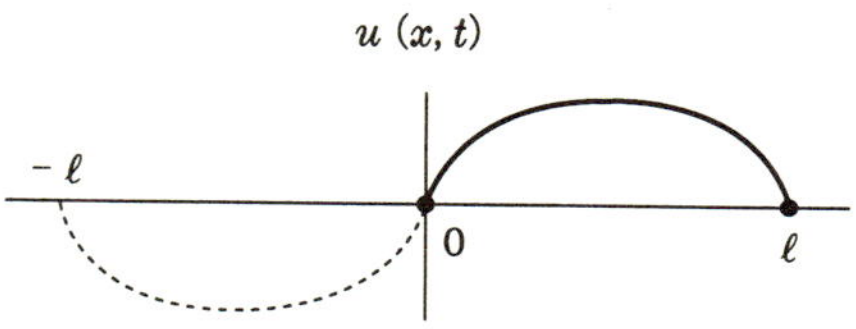

図 3.1

とおける．ゆえに，次の2つの方程式が得られる．

$$\begin{cases} \dfrac{d^2 X(x)}{dx^2} = -k^2 X(x) \\ \dfrac{d^2 T(t)}{dt^2} = -c^2 k^2 T(t) \end{cases} \quad ①$$

境界条件 (3.2) より

$$X(0) = X(\ell) = 0 \quad ②$$

区間 $-\ell < x < 0$ で奇関数として接続すると，X は周期 2ℓ の奇関数であるから正弦関数で表される．したがって，$X_n(x) = \lambda_n \sin\dfrac{n\pi x}{\ell}$ の形の解をもつ．実際，①の第1式に代入すると

$$\frac{d^2 X_n(x)}{dx^2} = -\left(\frac{n\pi}{\ell}\right)^2 \lambda_n \sin\frac{n\pi x}{\ell} = -\left(\frac{n\pi}{\ell}\right)^2 X_n(x)$$

である．したがって，$k = \dfrac{n\pi}{\ell}$ で与えられる．

【証明】①の X に対する微分方程式の一般解は，任意定数を c_1, c_2 として

$$X(x) = c_1 \cos kx + c_2 \sin kx$$

境界条件 ② から

$$X(0) = c_1 = 0, \quad X(\ell) = c_2 \sin k\ell = 0 \qquad ③$$

③ の第2式から $k\ell = n\pi$, $n = 1, 2, 3, \dots$ が得られる．改めて $k = k_n$ とおいて

$$k_n = \frac{n\pi}{\ell}, \quad n = 1, 2, 3, \dots$$

$X(x)$ を $X_n(x)$ で，$c_2 = \lambda_n$ と改めると，解は $X_n(x) = \lambda_n \sin \dfrac{n\pi x}{\ell}$ となる．

このとき，$k = k_n$ に対する ① の2番目の微分方程式の解を $T_n(t)$ とおけば，一般解は任意定数を a_n, b_n として

$$T_n(t) = a_n \sin \frac{n\pi c t}{\ell} + b_n \cos \frac{n\pi c t}{\ell}$$

となる．したがって

$$u_n = \sin \frac{n\pi x}{\ell} \left(\alpha_n \sin \frac{n\pi c t}{\ell} + \beta_n \cos \frac{n\pi c t}{\ell} \right), \quad \alpha_n = a_n \lambda_n, \beta_n = b_n \lambda_n$$

は境界条件 (3.2) を満足する解の1つとなる．

重ね合わせの原理 解は $n = 1, 2, 3, \dots$ に応じて無限に存在するから，上記の和で表すことができる．これを重ね合わせという．

$$u(x, t) = \sum_{n=1}^{\infty} \sin \frac{n\pi x}{\ell} \left(\alpha_n \sin \frac{n\pi c t}{\ell} + \beta_n \cos \frac{n\pi c t}{\ell} \right) \qquad ④$$

係数 α_n, β_n は，フーリエ級数を求めた場合と同様に求めることができる．(3.3) の初期条件 $t = 0$, $u(x, 0) = u(x)$ を ④ に用いて

$$u(x) = \sum_{n=1}^{\infty} \beta_n \sin \frac{n\pi x}{\ell}$$

$u(x)$ は周期 2ℓ の奇関数であるから，(1.10) より

$$\boxed{\beta_n = \frac{2}{\ell} \int_0^\ell u(x) \sin \frac{n\pi x}{\ell} dx} \qquad ⑤$$

3．編微分方程式のフーリエ解析

さらに，④ を t で微分して $t=0$, $\frac{\partial}{\partial t}u(x,t)|_{t=0} = \upsilon(x)$ を用いると

$$\upsilon(x) = \sum_{n=1}^{\infty} \alpha_n \frac{n\pi c}{\ell} \sin\frac{n\pi x}{\ell} \equiv \sum_{n=1}^{\infty} \gamma_n \sin\frac{n\pi x}{\ell}, \quad \gamma_n = \alpha_n \frac{n\pi c}{\ell} \qquad ⑥$$

ふたたび，(1.10) を用いて

$$\gamma_n = \frac{2}{\ell}\int_0^{\ell} \upsilon(x)\sin\frac{n\pi x}{\ell}dx \qquad ⑦$$

と求められる．ゆえに，④-⑦ から次の解が得られる．

$$u(x,t) = \sum_{n=1}^{\infty} \sin\frac{n\pi x}{\ell}\left(\frac{\ell}{n\pi c}\gamma_n \sin\frac{n\pi c t}{\ell} + \beta_n \cos\frac{n\pi c t}{\ell}\right) \qquad (3.4)$$

問題1　次の関数 $u(x,y)$ を解とする微分方程式を求めよ．ただし，$c(y)$ 等は任意関数とする．

(1)　$u(x,y) = ax + c(y)$, $a=$ 定数

(2)　$u(x,y) = c(y)e^x$

(3)　$u(x,y) = c\left(\frac{y}{x}\right)$

(4)　$u(x,y) = c(x^2+y^2)$

問題2　方程式 (3.1) を次の初期条件のもとにを解け．ただし，境界条件は (3.2) で与えられるものとする．

(1)　$u(x,0) = \sin\frac{\pi x}{\ell}$, $u_t(x,0) = \sin\frac{\pi x}{\ell}$

(2)　$u(x,0) = e^{-x}$, $u_t(x,0) = \sin\frac{\pi x}{\ell}$

［注］(2) は $x=0, \ell$ で $u(0,0) \neq 0$, $u(\ell,0) \neq 0$．したがって，両端固定の弦の振動の問題ではない．$x=0, \ell$ の点で不連続であるが，同様に，奇関数とみなして解くことができる．

3.2 熱伝導方程式の初期値問題とフーリエ変換

> 偏微分方程式
> $$\frac{\partial p(x,t)}{\partial t} = D\frac{\partial^2 p(x,t)}{\partial x^2} \tag{3.5}$$
> は熱伝導あるいは拡散を表す方程式である．

(3.5) は1次元の熱伝導あるいは原子拡散を表す方程式である．$p(x,t)$ は位置 x，時刻 t における温度（原子密度）を表す．D は拡散係数である．

方程式 (3.5) の解をフーリエ変換を用いて調べてみよう．$p(x,t)$ および $\frac{\partial p(x,t)}{\partial x}$ ともに $-\infty < x < \infty$ で絶対可積分で，$x \to \pm\infty$ で $p(x,t) \to 0$, $\frac{\partial p(x,t)}{\partial x} \to 0$, 時刻 $t=0$ の分布を $p(x,0) = p(x)$ とする．

熱伝導（拡散）方程式の初期値問題 フーリエ変換は位置 x についてのみ考慮する．したがって，$p(x,t)$ のフーリエ変換を $\hat{F}[p(x,t)] = P(k,t)$ と定義し，(3.5) の両辺をフーリエ変換する．$\hat{F}$ は位置に対してのみ演算するから，左辺は

$$\hat{F}\left[\frac{\partial p(x,t)}{\partial t}\right] = \frac{\partial \hat{F}[p(x,t)]}{\partial t} = \frac{\partial P(k,t)}{\partial t}$$

一方，右辺の2階微分の項は (2.11) を2度用いて

$$\hat{F}\left[\frac{\partial^2 p(x,t)}{\partial x^2}\right] = ik\hat{F}\left[\frac{\partial p(x,t)}{\partial x}\right] = (ik)^2 \hat{F}[p(x,t)] = -k^2 P(k,t)$$

したがって

$$\frac{\partial P(k,t)}{\partial t} = -Dk^2 P(k,t) \qquad ①$$

が得られる．微分方程式 ① の $(0,t)$ における解は

$$P(k,t) = P(k)e^{-Dk^2 t}, \quad P(k,0) = P(k) \qquad ②$$

$P(k)$ は $p(x)$ のフーリエ変換である．練習問題2の【3】より $\hat{F}\left[e^{-ax^2}\right] = \frac{1}{\sqrt{2a}} e^{-\frac{k^2}{4a}}$ であるから，$a = \frac{1}{4Dt}$ とおき換えれば

$$e^{-Dk^2 t} = \hat{F}\left[\frac{1}{\sqrt{2Dt}} e^{-\frac{x^2}{4Dt}}\right] \qquad ③$$

② の逆変換を行うと

$$p(x,t) = \hat{F}^{-1}\left[P(k) e^{-Dk^2 t}\right] = \frac{1}{\sqrt{2\pi}} \int_{-\infty}^{\infty} P(k) e^{-Dk^2 t} e^{ikx} \, dk \qquad ④$$

あるいは，③ および合成積の変換公式 (2.14) を用いて ② の逆変換を行うと

$$p(x,t) = \hat{F}^{-1}\left[P(k) e^{-Dk^2 t}\right] = \hat{F}^{-1}\left[\hat{F}[p(x)] \hat{F}[\frac{1}{\sqrt{2Dt}} e^{-\frac{x^2}{4Dt}}]\right]$$

$$= \frac{1}{\sqrt{2Dt}} \hat{F}^{-1} \hat{F}\left[\frac{1}{\sqrt{2\pi}} \int_{-\infty}^{\infty} e^{-\frac{(x-\xi)^2}{4Dt}} p(\xi) d\xi\right]$$

結局

$$p(x,t) = \frac{1}{\sqrt{4\pi Dt}} \int_{-\infty}^{\infty} e^{-\frac{(x-\xi)^2}{4Dt}} p(\xi) d\xi \qquad (3.6)$$

これが1次元熱伝導方程式の解である．温度の初期分布が $p(\xi)$ のときの，(x, t) における温度分布を示す．特別な初期分布に対する結果の1例を次に示そう．

【例１】 $t=0$ の初期分布として $x=0$ のみに分布する $\delta(x)$ 関数を考える．
$$p(x) = \delta(x)$$
このときの (3.5) の解を求めよ．また，時間とともに分布がどのように変化するかを調べよ．

(3.6) の解を用いて
$$p(x,t) = \frac{1}{\sqrt{4\pi Dt}} \int_{-\infty}^{\infty} e^{-\frac{(x-\xi)^2}{4Dt}} \delta(\xi) d\xi = \frac{1}{\sqrt{4\pi Dt}} e^{-\frac{x^2}{4Dt}} \tag{3.7}$$

(3.7) を時間の目安を表す Dt をパラメータとして描いたものが，図3.2 である．

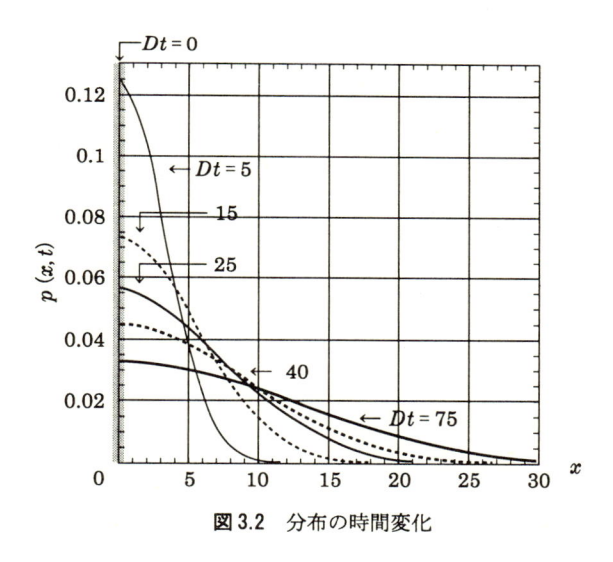

図 3.2 分布の時間変化

問題 3　偏微分方程式 (3.5) を次の初期値問題として解け．

(1)　$p(x, 0) = p(x) = \cos x$

(2)　$p(x, 0) = p(x) = e^{-x^2}$

3．偏微分方程式のフーリエ解析

3.3 熱伝導方程式のグリーン関数による解法

単位関数 $\theta(t)$

$$\theta(t) = \begin{cases} 1, & t > 0 \\ 0, & t < 0 \end{cases} \qquad (3.8)$$

で定義される関数は，単位関数あるいはヘビサイド関数とよばれる関数で（図3.3），(2.20) のデルタ関数を用いて

$$\theta(t) = \int_{-\infty}^{t} \delta(t')dt' = \begin{cases} 1, & t > 0 \\ 0, & t < 0 \end{cases}$$

とも定義できる．t で形式的に微分すると

$$\frac{d}{dt}\theta(t) = \delta(t) \qquad (3.9)$$

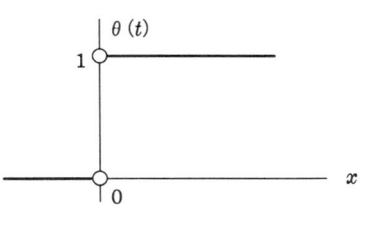

図3.3 単位段階関数

デルタ関数

(3.9) を形式的に微分の定義で書き直すと

$$\delta(t) = \frac{d}{dt}\theta(t) = \lim_{\Delta t \to 0} \frac{\theta(t + \Delta t) - \theta(t)}{\Delta t} = \lim_{h \to 0} \frac{\theta(t + h/2) - \theta(t - h/2)}{h}$$

$\Theta(t) = \theta(t + h/2) - \theta(t - h/2)$ は，$-h/2 < t < h/2$ の領域で $\Theta(t) = 1$ の関数（図3.4(a)）であるから，同領域で $\Theta(t)/h = 1/h$ である（図3.4(b)）．$h \to 0$ とすると

$$\delta(t) = \lim_{h \to 0} \frac{\Theta(t)}{h} = \begin{cases} \infty, & t = 0 \\ 0, & t \neq 0 \end{cases}$$

つまり，デルタ関数は $h \to 0$ の極限で，面積 $h \times (1/h) = 1$ を保ったまま，幅 $\to 0$，高さ $\to \infty$ に漸近する関数である．δ-関数の定義はいくつかあるが，(2.19) あるいは (2.23) がよく使われる．

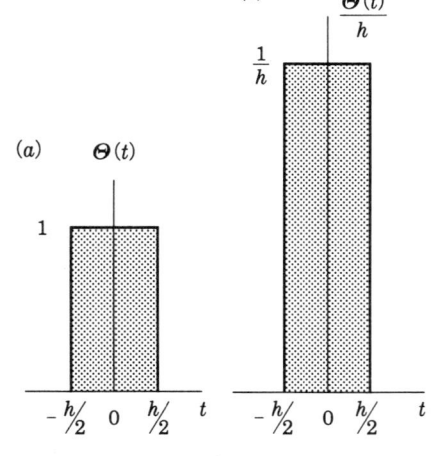

図3.4 デルタ関数

グリーン関数

> 方程式
> $$\left(\frac{\partial}{\partial t} - D\frac{\partial^2}{\partial x^2}\right)G(x,t) = \delta(t)\delta(x) \qquad (3.10)$$
>
> の解 $G(x,t)$ を熱伝導方程式のグリーン関数という：
> $$G(x,t) = \theta(t)p(x,t), \quad p(x,t) = \frac{1}{\sqrt{4\pi Dt}}e^{-\frac{x^2}{4Dt}}$$
>
> $p(x,t)$ は，$p(x,0) = \delta(x)$ を満足する解 (3.7) である．

熱伝導方程式 (3.5) の解 $p(x,t)$ を用いて

$$g(x,t) = \theta(t)p(x,t)$$

を定義する．この関数を用いて

$$\begin{aligned}
\left(\frac{\partial}{\partial t} - D\frac{\partial^2}{\partial x^2}\right)g(x,t) &= \frac{\partial g(x,t)}{\partial t} - D\frac{\partial^2 g(x,t)}{\partial x^2} \\
&= \delta(t)p(x,t) + \theta(t)\left(\frac{\partial p(x,t)}{\partial t} - D\frac{\partial^2 p(x,t)}{\partial x^2}\right) \qquad ① \\
&= \delta(t)p(x,t) = \delta(t)p(x,0)
\end{aligned}$$

初期条件 $p(x,0) = p(x) = \delta(x)$ のもとで，① は (3.10) の右辺を与える．この初期条件を満足する解 $p(x,t)$ は (3.7) であるから，(3.10) の解は

$$G(x,t) = \theta(t)p(x,t) = \theta(t)\frac{1}{\sqrt{4\pi Dt}}e^{-\frac{x^2}{4Dt}} \qquad (3.11)$$

グリーン関数の応用

> 熱源 $f(x,t)$ を含む1次元熱伝導方程式
>
> $$\left(\frac{\partial}{\partial t} - D\frac{\partial^2}{\partial x^2}\right)p(x,t) = f(x,t) \tag{3.12}$$

両辺のフーリエ変換をとり，$\hat{F}[f(x,t)] = F(k,t)$ と定義して

$$\left(\frac{\partial}{\partial t} + Dk^2\right)P(k,t) = F(k,t) \quad ②$$

この方程式は t についての1階の線形微分方程式であるから，解は

$$P(k,t) = P(k)e^{-Dk^2 t} + \int_0^t e^{-Dk^2(t-s)} F(k,s)ds \quad ③$$

k について逆変換すれば

$$\begin{aligned}
p(x,t) &= \frac{1}{\sqrt{4\pi Dt}}\int_{-\infty}^{\infty} e^{-\frac{(x-\xi)^2}{4Dt}} p(\xi)d\xi + \int_0^t ds\, \hat{F}^{-1}\left[e^{-Dk^2(t-s)} F(k,s)\right] \\
&= \frac{1}{\sqrt{4\pi Dt}}\int_{-\infty}^{\infty} e^{-\frac{(x-\xi)^2}{4Dt}} p(\xi)d\xi + \int_0^t ds \int_{-\infty}^{\infty} d\xi \frac{1}{\sqrt{4\pi D(t-s)}} e^{-\frac{(x-\xi)^2}{4D(t-s)}} f(\xi,s) \\
&= \frac{1}{\sqrt{4\pi Dt}}\int_{-\infty}^{\infty} e^{-\frac{(x-\xi)^2}{4Dt}} p(\xi)d\xi + \int_0^{\infty} ds \int_{-\infty}^{\infty} d\xi\, \theta(t-s)\frac{1}{\sqrt{4\pi D(t-s)}} e^{-\frac{(x-\xi)^2}{4D(t-s)}} f(\xi,s) \\
&= \frac{1}{\sqrt{4\pi Dt}}\int_{-\infty}^{\infty} e^{-\frac{(x-\xi)^2}{4Dt}} p(\xi)d\xi + \int_0^{\infty} ds \int_{-\infty}^{\infty} d\xi\, G(x-\xi, t-s) f(\xi,s)
\end{aligned} \quad ④$$

解④は，同次方程式 (3.5) の一般解（④の右辺1項目）と (3.12) の特殊解（④の右辺2項目）の和からなる．特殊解は

$$p_s(x,t) = \int_0^{\infty} ds \int_{-\infty}^{\infty} d\xi\, G(x-\xi, t-s) f(\xi,s) \quad ⑤$$

であり，グリーン関数で与えられる．

熱源を含む3次元熱伝導方程式

$$\left(\frac{\partial}{\partial t} - D\Delta\right)p(\bm{r},t) = f(\bm{r},t), \quad \Delta = \frac{\partial^2}{\partial x^2} + \frac{\partial^2}{\partial y^2} + \frac{\partial^2}{\partial z^2} \tag{3.13}$$

$\bm{r} = (x, y, z)$ は位置座標で，Δ はラプラス演算子（ラプラシアン）とよばれる．

3次元熱伝導方程式

$$\frac{\partial p(\bm{r},t)}{\partial t} = D\left(\frac{\partial^2}{\partial x^2} + \frac{\partial^2}{\partial y^2} + \frac{\partial^2}{\partial z^2}\right)p(\bm{r},t) \qquad ①$$

の解は，初期条件

$$p(\bm{r},0) = p(\bm{r}) = \delta(\bm{r}), \quad \delta(\bm{r}) = \delta(x)\delta(y)\delta(z)$$

のもとで

$$p(\bm{r},t) = \frac{1}{\left(\sqrt{4\pi Dt}\right)^3} e^{-\frac{r^2}{4Dt}}, \quad r^2 = x^2 + y^2 + z^2$$

によって与えられる（練習問題3の【4】）．したがって，3次元熱伝導方程式のグリーン関数は

$$G(\bm{r},t) = \theta(t)\frac{1}{\left(\sqrt{4\pi Dt}\right)^3} e^{-\frac{r^2}{4Dt}} \qquad ②$$

(3.13)の特殊解は，前節の ④,⑤ と同様に，グリーン関数 ② を用いて

$$p_s(\bm{r},t) = \int\int G(\bm{r}-\bm{r}',t-s)f(\bm{r}',s)d\bm{r}'ds$$

ただし，$\int d\bm{r}'$は$\int d\bm{r}' = \iiint dx'dy'dz'$の3重積分を意味する．この特殊解を直接 (3.13) の左辺に代入し，① を利用すれば，(3.13) が成立つことが確かめられる．

$$\left(\frac{\partial}{\partial t} - D\Delta\right)\int G(\bm{r}-\bm{r}',t-s)f(\bm{r}',s)d\bm{r}'ds$$

$$= \int\left(\frac{\partial}{\partial t} - D\Delta\right)G(\bm{r}-\bm{r}',t-s)f(\bm{r}',s)d\bm{r}'ds$$

$$= \int\delta(\bm{r}-\bm{r}')\delta(t-s)f(\bm{r}',s)d\bm{r}'ds = f(\bm{r},t)$$

練習問題3

【1】波動方程式

$$\frac{\partial^2 u(x,t)}{\partial t^2} = c^2 \frac{\partial^2 u(x,t)}{\partial x^2}, \quad 0 \leq x \leq \ell, \quad t \geq 0 \tag{3.14}$$

の解を次の初期・境界条件のもとに求めよ．

初期条件： $u(x,0) = u(x) = x(\ell - x), \quad u_t(x,0) = v(x) = \dfrac{\ell}{2} - x$

境界条件： $u(0,t) = u(\ell,t) = 0$

【2】真空中における1次元シュレーディンガーの波動方程式は次式で与えられる．

$$i\hbar \frac{\partial \psi(x,t)}{\partial t} = -\frac{\hbar^2}{2m} \frac{\partial^2 \psi(x,t)}{\partial x^2}, \quad -\infty < x < \infty \tag{3.15}$$

この方程式の解を次の初期・境界条件のもとに求めよ．

初期条件： $\psi(x,0) = \psi(x)$

境界条件： $\psi(x = \pm\infty, t) = 0, \quad \dfrac{\partial \psi(x = \pm\infty, t)}{\partial x} = 0$

【3】1次元熱伝導方程式

$$\frac{\partial p(x,t)}{\partial t} = D \frac{\partial^2 p(x,t)}{\partial x^2}, \quad 0 < x < \ell, \quad 0 < t < \infty$$

を次の初期・境界条件のもとに解け．

初期条件： $p(x,0) = p(x), \quad 0 < x < \ell$

境界条件： $p(0,t) = p(\ell,t) = 0, \quad 0 < t < \infty$

【4】3次元熱伝導方程式 (3.13) の同次方程式 ① の解, $p(\mathbf{r},t) = \dfrac{1}{\left(\sqrt{4\pi D t}\right)^3} e^{-\frac{r^2}{4Dt}}$, および ② を確かめよ．

問題解答

問題1 任意関数 c を消去するように微分する．

(1) $u_x(x,y) = a$

(2) $u_x(x,y) = c(y)e^x = u(x,y), \quad \therefore \quad u_x(x,y) = u(x,y)$

(3) $z = \dfrac{y}{x}$ とおいて

$$u_x(x,y) = c_z(z)z_x = -c_z(z)\frac{y}{x^2}$$

$$u_y(x,y) = c_z(z)z_y = c_z(z)\frac{1}{x}$$

$c_z(z)$ を消去して

$$u_x(x,y) + \frac{y}{x}u_y(x,y) = 0, \quad \therefore \quad xu_x(x,y) + yu_y(x,y) = 0$$

(4) $z = x^2 + y^2$ とおいて

$$u_x(x,y) = c_z(z)z_x = 2xc_z(z)$$
$$u_y(x,y) = c_z(z)z_y = 2yc_z(z)$$

$$\therefore \quad yu_x(x,y) - xu_y(x,y) = 0$$

問題2 (1) $u(x) = \sin\dfrac{\pi x}{\ell}$ であるから p.75 の ⑤ に代入して

$$\beta_n = \frac{2}{\ell}\int_0^\ell \sin\frac{\pi x}{\ell}\sin\frac{n\pi x}{\ell}dx = \delta_{n,1}$$

同様に，p.76 の ⑦ に $v(x) = \sin\dfrac{\pi x}{\ell}$ を代入して

$$\gamma_n = \frac{2}{\ell}\int_0^\ell \sin\frac{\pi x}{\ell}\sin\frac{n\pi x}{\ell}dx = \delta_{n,1}$$

したがって解は

$$u(x,t) = \sin\frac{\pi x}{\ell}\left(\frac{\ell}{\pi c}\sin\frac{\pi c t}{\ell} + \cos\frac{\pi c t}{\ell}\right)$$

(2) この場合は，$x = 0, \ell$ で $u(x,0) \neq 0$ であるから，この点で不連続となる．$u(x,0) = e^{-x}$ から

$$\beta_n = \frac{2}{\ell}\int_0^\ell e^{-x}\sin\frac{n\pi x}{\ell}dx = \frac{2}{\ell}\left(-\frac{\ell}{n\pi}e^{-\ell}\cos n\pi + \frac{\ell}{n\pi} - \frac{\ell}{n\pi}\int_0^\ell e^{-x}\cos\frac{n\pi x}{\ell}dx\right)$$

$$= \frac{2}{\ell}\left(\frac{\ell}{n\pi}(1-(-1)^n e^{-\ell}) - (\frac{\ell}{n\pi})^2\int_0^\ell e^{-x}\sin\frac{n\pi x}{\ell}dx\right)$$

$$= \frac{2}{n\pi}(1-(-1)^n e^{-\ell}) - (\frac{\ell}{n\pi})^2\beta_n$$

ゆえに

$$\beta_n = \frac{2}{n\pi}\frac{1-(-1)^n e^{-\ell}}{1+(\frac{\ell}{n\pi})^2} = 2n\pi\frac{1-(-1)^n e^{-\ell}}{\ell^2+(n\pi)^2}$$

γ_n は前問 (1) と同じで

$$\gamma_n = \frac{2}{\ell}\int_0^\ell \sin\frac{\pi x}{\ell}\sin\frac{n\pi x}{\ell}dx = \delta_{n,1}$$

したがって解は

$$u(x,t) = \frac{\ell}{\pi c}\sin\frac{\pi x}{\ell}\sin\frac{\pi c t}{\ell} + \sum_{n=1}^\infty 2n\pi\frac{1-(-1)^n e^{-\ell}}{\ell^2+(n\pi)^2}\sin\frac{n\pi x}{\ell}\cos\frac{n\pi c t}{\ell}$$

問題 3 (1) $p(x,t) = \dfrac{1}{\sqrt{4\pi Dt}}\displaystyle\int_{-\infty}^\infty e^{-\frac{(x-\xi)^2}{4Dt}}\cos\xi d\xi$ を計算すれば解が得られる．練習問題 2 の【3】の積分を参照して

$$I = \int_{-\infty}^\infty e^{-\frac{(x-\xi)^2}{4Dt}}\cos\xi d\xi = \int_{-\infty}^\infty e^{-\frac{\xi^2}{4Dt}}\cos(x-\xi)d\xi = \mathrm{Re}\int_{-\infty}^\infty e^{-\frac{\xi^2}{4Dt}}e^{i(x-\xi)}d\xi$$

$$= \mathrm{Re}\, e^{ix}\int_{-\infty}^\infty e^{-\frac{\xi^2}{4Dt}}e^{-i\xi}d\xi = \mathrm{Re}\, e^{ix}e^{-Dt}\int_{-\infty}^\infty e^{-\frac{(\xi+i2Dt)^2}{4Dt}}d\xi$$

$$= \mathrm{Re}\, e^{ix}e^{-Dt}\sqrt{4\pi Dt} = \sqrt{4\pi Dt}\,e^{-Dt}\cos x$$

ゆえに

$$p(x,t) = e^{-Dt}\cos x$$

(2) 同様に練習問題 2 の【3】の積分を参照して

$$p(x,t) = \frac{1}{\sqrt{4\pi Dt}}\int_{-\infty}^\infty e^{-\frac{(x-\xi)^2}{4Dt}}e^{-\xi^2}d\xi = \frac{1}{\sqrt{4\pi Dt}}e^{-\frac{x^2}{1+4Dt}}\int_{-\infty}^\infty e^{-(1+\frac{1}{4Dt})(\xi-\frac{x}{1+4Dt})^2}d\xi$$

$$= \frac{1}{\sqrt{4\pi Dt}}e^{-\frac{x^2}{1+4Dt}}\sqrt{\frac{4\pi Dt}{1+4Dt}} = \frac{1}{\sqrt{1+4Dt}}e^{-\frac{x^2}{1+4Dt}}$$

練習問題3 解答

【1】 (3.4) および §3.1 の ⑤，⑦ より

$$u(x,t) = \sum_{n=1}^{\infty} \sin\frac{n\pi x}{\ell}\left(\frac{\ell}{n\pi c}\gamma_n \sin\frac{n\pi c t}{\ell} + \beta_n \cos\frac{n\pi c t}{\ell}\right)$$

$$\beta_n = \frac{2}{\ell}\int_0^\ell x(\ell - x)\sin\frac{n\pi x}{\ell}dx$$

$$\gamma_n = \frac{2}{\ell}\int_0^\ell \left(\frac{\ell}{2} - x\right)\sin\frac{n\pi x}{\ell}dx$$

したがって

$$\int_0^\ell \sin\frac{n\pi x}{\ell}dx = \frac{\ell}{n\pi}(1 - \cos n\pi) = \frac{\ell}{n\pi}\left(1 - (-1)^n\right)$$

$$\int_0^\ell x\sin\frac{n\pi x}{\ell}dx = -\frac{\ell}{n\pi}x\cos\frac{n\pi x}{\ell}\bigg|_0^\ell + \frac{\ell}{n\pi}\int_0^\ell \cos\frac{n\pi x}{\ell}dx = -\frac{\ell^2}{n\pi}(-1)^n$$

$$\int_0^\ell x^2\sin\frac{n\pi x}{\ell}dx = -\frac{\ell}{n\pi}x^2\cos\frac{n\pi x}{\ell}\bigg|_0^\ell + \frac{2\ell}{n\pi}\int_0^\ell x\cos\frac{n\pi x}{\ell}dx$$

$$= -\frac{\ell^3}{n\pi}(-1)^n + \frac{2\ell^2}{n^2\pi^2}x\sin\frac{n\pi x}{\ell}\bigg|_0^\ell - \frac{2\ell^2}{n^2\pi^2}\int_0^\ell \sin\frac{n\pi x}{\ell}dx$$

$$= -\frac{\ell^3}{n\pi}(-1)^n - \frac{2\ell^3}{n^3\pi^3}\left(1 - (-1)^n\right)$$

より

$$\beta_n = \frac{2}{\ell}\left\{-\frac{\ell^3}{n\pi}(-1)^n + \frac{\ell^3}{n\pi}(-1)^n + \frac{2\ell^3}{n^3\pi^3}\left(1 - (-1)^n\right)\right\} = \frac{4\ell^2}{n^3\pi^3}\left(1 - (-1)^n\right)$$

$$\gamma_n = \frac{2}{\ell}\left\{\frac{\ell^2}{2n\pi}\left(1 - (-1)^n\right) + \frac{\ell^2}{n\pi}(-1)^n\right\} = \frac{\ell}{n\pi}\left(1 + (-1)^n\right)$$

ゆえに

$$u(x,t) = \frac{\ell^2}{c\pi^2}\sum_{n=1}^{\infty}\left(\frac{1+(-1)^n}{n^2}\sin\frac{n\pi c t}{\ell} + \frac{4c}{\pi}\frac{1-(-1)^n}{n^3}\cos\frac{n\pi c t}{\ell}\right)\sin\frac{n\pi x}{\ell}$$

$$= \frac{8\ell^2}{c\pi^3}\sum_{n=1}^{\infty}\left(\frac{\pi}{16n^2}\sin\frac{2n\pi x}{\ell}\sin\frac{2n\pi c t}{\ell} + \frac{c}{(2n-1)^3}\sin\frac{(2n-1)\pi x}{\ell}\cos\frac{(2n-1)\pi c t}{\ell}\right)$$

【2】 方程式は $D = i\dfrac{\hbar}{2m}$ とおくと，(3.5) の熱伝導方程式と一致する．したがって，§3.2 の ④ と同様に $\Psi(k) = \hat{F}[\psi(x)]$ を用いて

$$\psi(x,t) = \hat{F}^{-1}\left[\Psi(k,0)e^{-Dk^2 t}\right] = \frac{1}{\sqrt{2\pi}}\int_{-\infty}^{\infty}\Psi(k)e^{-i\frac{\hbar k^2}{2m}t+ikx}dk$$

あるいは，(3.6) と同様，合成積のフーリエ変換を用いて

$$\psi(x,t) = \frac{1}{\sqrt{4\pi Dt}}\int_{-\infty}^{\infty}e^{-\frac{(x-\xi)^2}{4Dt}}\psi(\xi)d\xi = \sqrt{\frac{m}{2\pi i\hbar t}}\int_{-\infty}^{\infty}e^{i\frac{m}{2\hbar t}(x-\xi)^2}\psi(\xi)d\xi$$

【3】§3.1 と同様に，変数分離解 $p(x,t) = X(x)T(t)$ を与式に代入して

$$\frac{d^2 X(x)}{dx^2} = -k^2 X(x), \quad \frac{dT(t)}{dt} = -Dk^2 T(t)$$

$X(x)$ に対する式は，§3.1 の場合と同じであるから，解の一つは

$$X_n(x) = \lambda_n \sin\frac{n\pi x}{\ell}$$

一方，$T(t)$ の解は

$$T_n(t) = c_n \exp\left\{-D\left(\frac{n\pi}{\ell}\right)^2 t\right\}$$

重ね合わせの原理を用いて，一般解は

$$p(x,t) = \sum_{n=1}^{\infty}\eta_n \exp\left\{-D\left(\frac{n\pi}{\ell}\right)^2 t\right\}\sin\frac{n\pi x}{\ell}, \quad \eta_n = c_n\lambda_n$$

初期条件より

$$p(x) = \sum_{n=1}^{\infty}\eta_n \sin\frac{n\pi x}{\ell}$$

これはフーリエ正弦級数であるから

$$\eta_n = \frac{2}{\ell}\int_0^{\ell}p(\xi)\sin\frac{n\pi\xi}{\ell}d\xi, \quad n = 1, 2, 3\ldots$$

【4】
$$\frac{\partial p(\boldsymbol{r},t)}{\partial t} = D\left(\frac{\partial^2}{\partial x^2} + \frac{\partial^2}{\partial y^2} + \frac{\partial^2}{\partial z^2}\right)p(\boldsymbol{r},t)$$

の両辺をフーリエ変換すると，左辺は

$$\left(\frac{1}{\sqrt{2\pi}}\right)^3 \int \frac{\partial p(\boldsymbol{r},t)}{\partial t} e^{-i\boldsymbol{k}\cdot\boldsymbol{r}} d\boldsymbol{r}$$
$$= \frac{\partial}{\partial t}\left(\frac{1}{\sqrt{2\pi}}\right)^3 \iiint_{-\infty-\infty-\infty}^{\infty\;\infty\;\infty} p(x,y,z,t) e^{-i(k_x x + k_y y + k_z z)} dx dy dz = \frac{\partial P(\boldsymbol{k},t)}{\partial t}$$

右辺は

$$I = D\left(\frac{1}{\sqrt{2\pi}}\right)^3 \iiint_{-\infty-\infty-\infty}^{\infty\;\infty\;\infty} e^{-i\boldsymbol{k}\cdot\boldsymbol{r}}\left(\frac{\partial^2}{\partial x^2} + \frac{\partial^2}{\partial y^2} + \frac{\partial^2}{\partial z^2}\right)p(\boldsymbol{r},t) d\boldsymbol{r}$$
$$= D\left(\frac{1}{\sqrt{2\pi}}\right)^3 \iiint_{-\infty-\infty-\infty}^{\infty\;\infty\;\infty} e^{-i(k_x x + k_y y + k_z z)}\left(\frac{\partial^2 p(\boldsymbol{r},t)}{\partial x^2} + \frac{\partial^2 p(\boldsymbol{r},t)}{\partial y^2} + \frac{\partial^2 p(\boldsymbol{r},t)}{\partial z^2}\right) dx dy dz$$

それぞれの項を積分すれば良い．例えば $\frac{\partial^2}{\partial x^2}$ の項は

$$D\left(\frac{1}{\sqrt{2\pi}}\right)^3 \int_{-\infty}^{\infty} dy\, e^{-ik_y y} \int_{-\infty}^{\infty} dz\, e^{-ik_z z}\left\{\int_{-\infty}^{\infty} \frac{\partial^2 p(\boldsymbol{r},t)}{\partial x^2} e^{-ik_x x} dx\right\}$$
$$= D\left(\frac{1}{\sqrt{2\pi}}\right)^3 \int_{-\infty}^{\infty} dy\, e^{-ik_y y} \int_{-\infty}^{\infty} dz\, e^{-ik_z z}\left\{(ik_x)^2 \int_{-\infty}^{\infty} p(\boldsymbol{r},t) e^{-ik_x x} dx\right\}$$
$$= -k_x^2 D\left(\frac{1}{\sqrt{2\pi}}\right)^3 \iiint_{-\infty-\infty-\infty}^{\infty\;\infty\;\infty} p(\boldsymbol{r},t) e^{-i\boldsymbol{k}\cdot\boldsymbol{r}} d\boldsymbol{r} = -k_x^2 D P(\boldsymbol{k},t)$$

同様に y, z に関しても遂行できて

$$I = -\left(k_x^2 + k_y^2 + k_z^2\right) D P(\boldsymbol{k},t) = -D k^2 P(\boldsymbol{k},t)$$

$$\therefore \quad \frac{\partial P(\boldsymbol{k},t)}{\partial t} = -D k^2 P(\boldsymbol{k},t)$$

この微分方程式の解は，1次元と同様にして $P(\boldsymbol{k},t) = P(\boldsymbol{k},0)e^{-Dk^2 t} = P(\boldsymbol{k})e^{-Dk^2 t}$．したがって，$e^{-Dk^2 t} = \hat{F}\left[\left(\frac{1}{\sqrt{2Dt}}\right)^3 e^{-\frac{r^2}{4Dt}}\right]$ に注意して，逆変換をすれば

$$p(\boldsymbol{r},t) = \hat{F}^{-1}\left[\hat{F}[p(\boldsymbol{r})]\hat{F}\left[\left(\frac{1}{\sqrt{2Dt}}\right)^3 e^{-\frac{r^2}{4Dt}}\right]\right]$$

$$= \left(\frac{1}{\sqrt{2Dt}}\right)^3 \hat{F}^{-1}\hat{F}\left[\left(\frac{1}{\sqrt{2\pi}}\right)^3 \int_{-\infty}^{\infty} e^{-\frac{(x-\xi)^2+(y-\eta)^2+(z-\zeta)^2}{4Dt}} p(\xi,\eta,\zeta)d\xi d\eta d\zeta\right]$$

$$= \left(\frac{1}{\sqrt{4\pi Dt}}\right)^3 \int_{-\infty}^{\infty} e^{-\frac{(\boldsymbol{r}-\boldsymbol{r}')^2}{4Dt}} p(\boldsymbol{r}')d\boldsymbol{r}'$$

が得られる．境界条件が $p(\boldsymbol{r}) = \delta(\boldsymbol{r}) = \delta(x)\delta(y)\delta(z)$ であれば

$$p(\boldsymbol{r},t) = \left(\frac{1}{\sqrt{4\pi Dt}}\right)^3 \int_{-\infty}^{\infty} e^{-\frac{(\boldsymbol{r}-\boldsymbol{r}')^2}{4Dt}} \delta(\boldsymbol{r}')d\boldsymbol{r}' = \left(\frac{1}{\sqrt{4\pi Dt}}\right)^3 e^{-\frac{r^2}{4Dt}}$$

ゆえに，グリーン関数は p.83 の ② で与えられる．

4 ラプラス変換

4.1 ラプラス変換

区間 $0 < t < \infty$ で定義された関数 $f(t)$ に対して，無限積分

$$\int_0^\infty f(t)e^{-st}dt = \lim_{T \to \infty} \int_0^T f(t)e^{-st}dt$$

が存在するとき，これを $f(t)$ のラプラス変換といい

$$L[f] = F(s) \equiv \int_0^\infty f(t)e^{-st}dt \tag{4.1}$$

と定義する．$F(s)$ を $f(t)$ の像関数，$f(t)$ を $F(s)$ の原関数という．原関数 $F(s)$ は，逆ラプラス変換

$$f(t) = L^{-1}[F] \tag{4.2}$$

によって求められる．

s は一般に複素数であるが，特に断らない限り実数として扱う．ラプラス変換 (4.1) は，$f(t)$ として高々指数関数 (e^{at}) 的に発散する関数のみが，その対象となる．$f(t) = e^{t^2}$ などの関数はラプラス変換の対象にはならない．$f(t)$ が $t<0$ で恒等的にゼロ，$f(t) = 0, t<0$，とすれば，$\int_{-\infty}^\infty f(t)e^{-st}dt = \int_0^\infty f(t)e^{-st}dt \leq \int_0^\infty |f(t)e^{-st}|dt < \infty$ でなければならない．つまり，$f(t)e^{-st}$ は絶対可積分である（p.42）．このとき $f(t)e^{-st}$ はフーリエ変換可能な関数でもある（§4.4 参照）．

基本公式

> 【例1】次の関数のラプラス変換を求めよ．
> (1) $f(t) = 1$
> (2) $f(t) = \theta(t)$: 単位関数 $\theta(t)$ (p.80参照)

【解】(1) ラプラス変換の定義より $\mathrm{L}[1] = \lim_{T \to \infty} \int_0^T 1 \cdot e^{-st} dt$ である．被積分関数を $h(t)$ とおいて $t \to \infty$ とすると

$$\lim_{t \to \infty} h(t) = \lim_{t \to \infty} e^{-st} = \begin{cases} 0, & s > 0 \\ \infty, & s < 0 \end{cases}$$

したがって，ラプラス変換は $s > 0$ に対して存在する．ラプラス変換が存在するかしないかの境界の値 $s = 0$ を収束座標，$s > 0$ を収束域とよぶ．収束域に対して

$$\mathrm{L}[1] = \int_0^\infty e^{-st} dt = \frac{1}{s} \tag{4.3}$$

ラプラス変換は収束域で定義できる．

(2) 単位関数は $\theta(t) = \begin{cases} 1, & t > 0 \\ 0, & t < 0 \end{cases}$ であるから

$$\mathrm{L}[\theta(t)] = \int_0^\infty \theta(t) e^{-st} dt = \int_0^\infty e^{-st} dt = \frac{1}{s} \tag{4.4}$$

(1), (2) は同じ結果を与える．

【例2】次の関数のラプラス変換を求めよ．

(1) $f(t) = e^{at}$, a:実数

(2) $g(t) = e^{at}f(t)$, a:実数

(3) $f(t) = t^n$, n:正の整数

【解】(1) $L[e^{at}] = \int_0^\infty e^{at}e^{-st}dt$ で，$h(t) = e^{at}e^{-st}$ とおけば

$$\lim_{t \to \infty} h(t) = \lim_{t \to \infty} e^{-(s-a)t} = \begin{cases} 0, & s > a \\ \infty, & s < a \end{cases}$$

したがって，収束座標は $s = a$ で，収束域は $s > a$ である．$s > a$ に対して

$$L[e^{at}] = \int_0^\infty e^{at}e^{-st}dt = -\frac{e^{-(s-a)t}}{s-a}\bigg|_0^\infty = \frac{1}{s-a} \tag{4.5}$$

(4.3)と比較すると，e^{at} のラプラス変換は $f(t) = 1$ のラプラス変換を a だけ平行移動することがわかる．

(2) 定義にしたがって

$$L[e^{at}f(t)] = \int_0^\infty e^{at}f(t)e^{-st}dt = \int_0^\infty f(t)e^{-(s-a)t}dt = F(s-a) \tag{4.6}$$

(1)と同様，e^{at} を因子とする関数 $e^{at}f(t)$ のラプラス変換は，$f(t)$ のラプラス変換 $L[f(t)] = F(s)$ を，$s \to s-a$ と平行移動した結果を与える．

(3) $$L[t^n] = \int_0^\infty t^n e^{-st}dt = -\frac{1}{s}t^n e^{-st}\bigg|_0^\infty + \frac{n}{s}\int_0^\infty t^{n-1}e^{-st}dt$$

右辺1項目は，ロピタルの公式（付録B, p.128）を用いて

$$\lim_{t \to \infty} t^n e^{-st} = \lim_{t \to \infty} \frac{t^n}{e^{st}} = \lim_{t \to \infty} \frac{nt^{n-1}}{se^{st}}$$

$$= \lim_{t \to \infty} \frac{n(n-1)t^{n-2}}{s^2 e^{st}} = \ldots = \lim_{t \to \infty} \frac{n!}{s^n e^{st}} = 0$$

したがって，$L[t^n] = \frac{n}{s} L[t^{n-1}]$ となる．この式は n に対する漸化式であるから

$$L[t^n] = \frac{n}{s} L[t^{n-1}] = \frac{n(n-1)}{s^2} L[t^{n-2}] = \cdots = \frac{n!}{s^n} L[t^0] = \frac{n!}{s^{n+1}} \tag{4.7}$$

$n = 1$ の場合は

$$L[t] = \frac{1}{s^2} \tag{4.8}$$

問題1 次の関数のラプラス変換を求めよ．

(1) $3\theta(t)$

(2) e^{-5t}

(3) t^3

(4) e^{3t}

(5) te^{-3t}

【例3】次の関数のラプラス変換を求めよ．

(1) $f(t) = \theta(t-a), \quad a > 0$

(2) $g(t) = f(t-a)\theta(t-a), \quad a > 0$

【解】単位関数 $\theta(t-a)$ は

$$\theta(t-a) = \begin{cases} 1, & t > a \\ 0, & t < a \end{cases}$$

であるから

$$L[\theta(t-a)] = \int_0^\infty \theta(t-a) e^{-st} dt = \int_a^\infty e^{-st} dt = \frac{1}{s} e^{-as} \tag{4.9}$$

(4.4) と比較すると，$\theta(t-a)$ のラプラス変換は $f(t)=1$ のラプラス変換に，e^{-as} を因子として与えることが理解できる．

(2)

$$L[f(t-a)\theta(t-a)] = \int_0^\infty f(t-a)\theta(t-a) e^{-st} dt = \int_a^\infty f(t-a) e^{-st} dt$$

$$\underset{t-a=\tau}{=} \int_0^\infty f(\tau) e^{-s(a+\tau)} d\tau = e^{-as} F(s) \tag{4.10}$$

(1)と同様，$f(t-a)\theta(t-a)$ のラプラス変換は，$f(t)$ のラプラス変換 $L[f(t)] = F(s)$ に，因子 e^{-as} を与える．

4．ラプラス変換

> 【例4】次の関数のラプラス変換を求めよ．
> (1) $f(t) = e^{iat}$
> (2) $f(t) = \sinh at, \quad f(t) = \cosh at$

【解】(1) 例2の(1)と同様に

$$\mathrm{L}[e^{iat}] = \int_0^\infty e^{iat} e^{-st} dt = \frac{1}{s - ia} \quad \text{①}$$

a が実数の場合は，左辺にオイラーの公式を用いて

$$\mathrm{L}[e^{iat}] = \mathrm{L}[\cos at + i\sin at] = \int_0^\infty (\cos at + i\sin at) e^{-st} dt$$

$$= \int_0^\infty \cos at \, e^{-st} dt + i\int_0^\infty \sin at \, e^{-st} dt = \mathrm{L}[\cos at] + i\mathrm{L}[\sin at] \quad \text{②}$$

① の右辺を有理化して

$$\mathrm{L}[\cos at] + i\mathrm{L}[\sin at] = \frac{s + ia}{s^2 + a^2}$$

$$\therefore \quad \mathrm{L}[\cos at] = \frac{s}{s^2 + a^2}, \quad \mathrm{L}[\sin at] = \frac{a}{s^2 + a^2} \tag{4.11}$$

② は，和のラプラス変換がそれぞれのラプラス変換の和（線形法則）であることを示す．フーリエ変換の線形法則と同様，一般的に成り立つ法則である((4.14)参照)．

(2) ラプラス変換の公式を用いて

$$\mathrm{L}[\sinh at] = \mathrm{L}\left[\frac{e^{at} - e^{-at}}{2}\right] = \int_0^\infty \frac{1}{2}(e^{at} - e^{-at}) e^{-st} dt$$

$$= \frac{1}{2}\left(\frac{1}{s - a} - \frac{1}{s + a}\right) = \frac{a}{s^2 - a^2} \tag{4.12}$$

同様に

$$\mathrm{L}[\cosh at] = \mathrm{L}\left[\frac{e^{at} + e^{-at}}{2}\right] = \frac{1}{2}\left(\frac{1}{s - a} + \frac{1}{s + a}\right) = \frac{s}{s^2 - a^2} \tag{4.13}$$

問題2 次の関数のラプラス変換を求めよ．

(1) e^{i6t} (2) $\sinh t$ (3) $\cosh 4t$ (4) $e^{-3t} \cos 3t$ (5) $t \sin t$ (6) $\theta(t - 5)$

(7) $\theta(t - 2)(t - 2)$ (8) $\theta(t - 3) e^{t-3}$ (9) $\cos(at + b)$ (10) $\sin(at + b)$

4.2 ラプラス変換の基本法則

次の基本法則が成り立つ.
(1) 関数 $f(t) = c_1 f_1(t) + c_2 f_2(t)$, ($c_1, c_2$ は定数) に対して
$$\mathrm{L}[f] = c_1 \mathrm{L}[f_1] + c_2 \mathrm{L}[f_2] \qquad \text{(線形法則)} \tag{4.14}$$
(2) 関数 $f(t)$ が微分可能で, $t \to \infty$ で $e^{-st} f(t) \to 0$ のとき
$$\mathrm{L}[f'] = sF(s) - f(0) \qquad \text{(微分法則)} \tag{4.15}$$
(3) 関数 $f(ct)$ (c は定数) のラプラス変換は
$$\mathrm{L}[f(ct)] = \frac{1}{c} F\left(\frac{s}{c}\right), \quad c > 0 \qquad \text{(相似法則)} \tag{4.16}$$
ただし, $\mathrm{L}[f(t)] = F(s)$.

【証明】(1) ラプラス変換の定義から

$$\begin{aligned}
\mathrm{L}[f] &= \int_0^\infty (c_1 f_1(t) + c_2 f_2(t)) e^{-st} dt \\
&= c_1 \int_0^\infty f_1(t) e^{-st} dt + c_2 \int_0^\infty f_2(t) e^{-st} dt = c_1 \mathrm{L}[f_1] + c_2 \mathrm{L}[f_2]
\end{aligned}$$

(2) $t \to \infty$ で $e^{-st} f(t) \to 0$ を用いて
$$\begin{aligned}
\mathrm{L}[f'] &= \int_0^\infty f'(t) e^{-st} dt = f(t) e^{-st} \Big|_0^\infty + s \int_0^\infty f(t) e^{-st} dt \\
&= sF(s) - f(0)
\end{aligned}$$

一般に, $f(t)$ の n 回微分 $f^{(n)}$ に対して $\lim_{t \to \infty} f^{(k)} e^{-st} = 0$, $k = 0, 1, \ldots, n-1$ のとき

$$\begin{aligned}
\mathrm{L}[f^{(n)}] &= \int_0^\infty f^{(n)}(t) e^{-st} dt = f^{(n-1)}(t) e^{-st} \Big|_0^\infty + s \int_0^\infty f^{(n-1)}(t) e^{-st} dt \\
&= -f^{(n-1)}(0) + s \mathrm{L}[f^{(n-1)}] = -f^{(n-1)}(0) + s\left(-f^{(n-2)}(0) + s \mathrm{L}[f^{(n-2)}]\right) \\
&= -f^{(n-1)}(0) - s f^{(n-2)}(0) - \ldots + s^{n-1} \mathrm{L}[f']
\end{aligned}$$

この式に, (4.15)を用いて整理すると

4. ラプラス変換

$$\begin{aligned}\mathrm{L}\left[f^{(n)}\right] &= s^n F(s) - s^{n-1} f(0) - s^{n-2} f'(0) - s^{n-3} f''(0) - s^{n-4} f'''(0) \\ &\quad - \cdots - s f^{(n-2)}(0) - f^{(n-1)}(0)\end{aligned} \qquad (4.17)$$

例えば

$$\mathrm{L}\left[f''\right] = s^2 F(s) - s\, f(0) - f'(0), \quad n = 2$$

$$\mathrm{L}\left[f'''\right] = s^3 F(s) - s^2 f(0) - s f'(0) - f''(0), \quad n = 3$$

(3) $c > 0$ に留意して

$$\mathrm{L}\left[f(ct)\right] = \int_0^\infty f(ct) e^{-st} dt \underset{y=ct}{=} \frac{1}{c}\int_0^\infty f(y) e^{-\frac{s}{c}y} dy = \frac{1}{c} F\left(\frac{s}{c}\right)$$

問題3　次の関数のラプラス変換を求めよ．

(1) $t \sinh t$

(2) $3\sin t + 5\cos 3t$

(3) $3(t^6 - 4t)$

問題4　次の関数のラプラス変換を，与えられた初期条件のもとに求めよ．ただし，$y(t)$ のラプラス変換を $\mathrm{L}[y] = Y(s)$ とする．

(1) $f(t) = y''(t) + 10, \quad y'(0) = y(0) = 0$

(2) $f(t) = y''(t) + 2y'(t) + t, \quad y'(0) = 1, \quad y(0) = 1$

合成積とラプラス変換

> 合成積（たたみこみ）のラプラス変換は
> $$L[f*g] = L[f]L[g] \tag{4.18}$$
> ただし，合成積（たたみこみ）は
> $$f*g \equiv \int_0^t f(t-\xi)g(\xi)d\xi = \int_0^t g(t-\xi)f(\xi)d\xi$$
> で定義する．

合成積のラプラス変換は

$$L[f*g] = \int_0^\infty dt\, e^{-st} \int_0^t d\xi\, f(t-\xi)g(\xi)$$

で与えられる．t および ξ の積分範囲は図4.1に示された領域である．$\int_0^\infty dt \int_0^t d\xi$ は

1. t を固定し，ξ で $0<\xi<t$（図4.1の矢印）に沿う積分をし，
2. 次に $0<t<\infty$ の範囲にわたって t 積分を行うことを意味する．

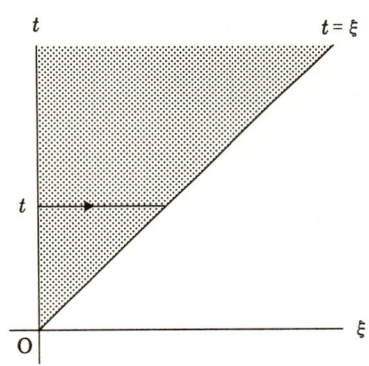

図 4.1

このことは，積分の順序を入れ替えて $\int_0^\infty dt \int_0^t d\xi = \int_0^\infty d\xi \int_\xi^\infty dt$ と積分することと等価である．ゆえに

$$L[f*g] = \int_0^\infty d\xi \int_\xi^\infty dt\, e^{-st} f(t-\xi)g(\xi) \underset{x=t-\xi}{=} \int_0^\infty d\xi \int_0^\infty dt\, e^{-s(x+\xi)} f(x)g(\xi) \tag{4.19}$$
$$= L[f]L[g]$$

の公式が得られる．

【例5】 $h(t) = \int_0^t (t-\xi)^n \sin\xi\, d\xi$ のラプラス変換を求めよ（$n>0$ の整数）．

【解】合成積の公式を用いて，$L[h] = L[t^n]L[\sin t]$ である．(4.7) および (4.11) を用いて

$$L[h] = \frac{n!}{s^{n+1}} \frac{1}{s^2+1}$$

4．ラプラス変換

4.3 逆ラプラス変換

> 【例6】関数 $F(s) = \dfrac{s}{s^2 + 6s + 13}$ の原関数を求めよ．

【解】 原関数は，(4.2) の逆ラプラス変換を求めることによって得られる．ここでは，これまで導出した諸公式を用いて計算しよう．像関数を変形して

$$F(s) = \frac{s}{s^2 + 6s + 13} = \frac{s}{(s+3)^2 + 4} = \frac{s}{(s+3)^2 + 2^2}$$

右辺は，三角関数のラプラス変換 (4.11) を -3 だけ平行移動した形 (4.6) に変形できる．

$$F(s) = \frac{s+3-3}{(s+3)^2 + 2^2} = \frac{s+3}{(s+3)^2 + 2^2} - \frac{3}{2}\frac{2}{(s+3)^2 + 2^2}$$

したがって，(4.6), (4.11) より

$$f(t) = \mathrm{L}^{-1}[F(s)] = e^{-3t}\cos 2t - \frac{3}{2}e^{-3t}\sin 2t$$

部分分数の方法

　ここで改めて，逆変換を部分分数に分けて行う方法について調べよう．像関数 $F(s) = \dfrac{s}{(s+a)(s+b)}$, $a \neq b$ $(a \neq 0, b \neq 0)$ を考える．係数 α_1, α_2 を用いて

$$\frac{s}{(s+a)(s+b)} = \frac{\alpha_1}{s+a} + \frac{\alpha_2}{s+b} \qquad ①$$

通分による方法　右辺を通分して α_1, α_2 を求めると

$$F(s) = \frac{\alpha_1}{s+a} + \frac{\alpha_2}{s+b} = \frac{s(\alpha_1 + \alpha_2) + b\alpha_1 + a\alpha_2}{(s+a)(s+b)}$$

であるから

$$\begin{cases} \alpha_1 + \alpha_2 = 1 \\ b\alpha_1 + a\alpha_2 = 0 \end{cases} \quad \therefore \quad \alpha_1 = \frac{a}{a-b}, \quad \alpha_2 = -\frac{b}{a-b}$$

この α_1, α_2 を用いて，①を逆変換すると

$$f(t) = L^{-1}[F(s)] = \alpha_1 e^{-at} + \alpha_2 e^{-bt} = \frac{1}{a-b}\left(ae^{-at} - be^{-bt}\right)$$

　係数 α_1, α_2 は次のようにしても求められる．α_1 を求めるため①を次のように表す．

$$F(s) = \frac{\Phi(s)}{s+a} = \frac{\alpha_1}{s+a} + \beta_1(s) \qquad ②$$

①と②は同じ式でなければならないから，$\Phi(s) = \dfrac{s}{s+b}$, $\beta_1(s) = \dfrac{\alpha_2}{s+b}$. ②の両辺に $s+a$ をかけ，$s = -a$ を代入すれば $\alpha_1 = \Phi(-a) = \dfrac{-a}{-a+b} = \dfrac{a}{a-b}$ が得られる．一方，$F(s) = \dfrac{\Phi(s)}{s+b} = \dfrac{\alpha_2}{s+b} + \beta_2(s)$, $\Phi(s) = \dfrac{s}{s+a}$, $\beta_2(s) = \dfrac{\alpha_1}{s+a}$ と書けば，同様に α_2 が得られる．次節でこのことを一般化しよう．

問題 5　次の関数の逆ラプラス変換を求めよ．
(1) $\dfrac{5}{s-1}$　(2) $\dfrac{1}{s^2 - 3s + 2}$　(3) $\dfrac{1}{(1-as)^2}$ $(a \neq 0)$　(4) $\dfrac{s-2}{s^2+9}$
(5) $\dfrac{1}{(s+1)(s+2)(s-5)}$　(6) $\dfrac{s}{s^3 - 1}$

ヘビサイドの展開定理

> $F(s)$ が s の2つの多項式 $P(s)$ および $Q(s)$ の商で表されるとする．$P(s)$ の次数は $Q(s)$ の次数より低いとし，分子分母は同じ因子をもたない (既約分数式) とする．$F(s) = P(s)/Q(s)$ の分母が因子 $Q(s) = (s-a)^n$, $n = 1, 2, 3, \ldots$ をもつとき
>
> $$F(s) = \frac{\Phi(s)}{(s-a)^n}, \quad \Phi(a) \neq 0 \tag{4.20}$$
>
> と書ける．このとき
>
> $$F(s) = \sum_{k=1}^{n} \frac{\alpha_k}{(s-a)^k} + \beta(s), \quad \alpha_k = \frac{\Phi^{(n-k)}(a)}{(n-k)!} \tag{4.21}$$

(4.21) の両辺に $(s-a)^n$ をかけると

$$\Phi(s) = \alpha_n + \alpha_{n-1}(s-a) + \alpha_{n-2}(s-a)^2 + \ldots$$
$$+ \alpha_k(s-a)^{n-k} + \ldots + \alpha_1(s-a)^{n-1} + (s-a)^n \beta(s)$$

両辺を s で $n-k$ 回微分し，$s=a$ を代入すると

$$\Phi^{(n-k)}(a) = (n-k)! \alpha_k \quad \therefore \quad \alpha_k = \frac{\Phi^{(n-k)}(a)}{(n-k)!}$$

これより (4.21) が得られる．これの逆変換は

$$\begin{aligned} \mathrm{L}^{-1}[F(s)] &= \sum_{k=1}^{n} \mathrm{L}^{-1}\left[\frac{\alpha_k}{(s-a)^k}\right] + \mathrm{L}^{-1}[\beta(s)] \\ &= \sum_{k=1}^{n} \alpha_k \frac{t^{k-1}}{(k-1)!} e^{at} + \mathrm{L}^{-1}[\beta(s)] \end{aligned} \tag{4.22}$$

$n=1$ の場合

$$\begin{aligned} \mathrm{L}^{-1}\left[\frac{\Phi(s)}{s-a}\right] &= \mathrm{L}^{-1}\left[\frac{\alpha_1}{s-a}\right] + \mathrm{L}^{-1}[\beta(s)] \\ &= \alpha_1 e^{at} + \mathrm{L}^{-1}[\beta(s)], \quad \alpha_1 = \Phi(a) \end{aligned}$$

ゆえに

$$\mathrm{L}^{-1}\left[\frac{\Phi(s)}{s-a}\right] = \Phi(a) e^{at} + \mathrm{L}^{-1}[\beta(s)] \tag{4.23}$$

三角関数　次の像関数について調べよう．

$$F(s) = \frac{\Phi(s)}{(s+a)^2 + b^2}$$

実数 α_1, α_2 を用いて

$$\frac{\Phi(s)}{(s+a)^2 + b^2} = \frac{\alpha_1(s+a) + \alpha_2}{(s+a)^2 + b^2} + \beta(s)$$

と書ける．両辺に $(s+a)^2 + b^2$ をかけると

$$\Phi(s) = \alpha_1(s+a) + \alpha_2 + \beta(s)\{(s+a)^2 + b^2\}$$

$s = -a + ib$ ととれば

$$\Phi(-a+ib) = \alpha_2 + ib\alpha_1$$

ここで，$\Phi(-a+ib) = \phi_r + i\phi_i$ とおけば

$$\phi_r = \alpha_2, \quad \phi_i = b\alpha_1$$
$$\therefore \quad \alpha_1 = \frac{\phi_i}{b}, \quad \alpha_2 = \phi_r$$

これを用いて

$$F(s) = \frac{1}{b}\frac{\phi_i(s+a) + b\phi_r}{(s+a)^2 + b^2} + \beta(s) \tag{4.24}$$

逆変換をすれば，公式

$$L^{-1}\left[\frac{\Phi(s)}{(s+a)^2 + b^2}\right] = \frac{e^{-at}}{b}\left(\phi_r \sin bt + \phi_i \cos bt\right) + L^{-1}[\beta(s)] \tag{4.25}$$

が得られる．ただし

$$\Phi(-a+ib) = \phi_r + i\phi_i$$

問題6　次の関数の逆ラプラス変換を求めよ．
(1) $\dfrac{1}{(s+1)(s^2+2s+2)}$ 　　(2) $\dfrac{1}{(s-1)(s+2)^3}$

4．ラプラス変換

【例7】 $y(t)$ に対する微分方程式をラプラス変換を用いて解け.
$$y'' + ay' = 1, \quad a \neq 0, \quad y(0) = y'(0) = 0$$

【解】 y, y', y'' のラプラス変換は，(4.15), (4.17)および初期条件を用いて

$$L[y] = Y(s)$$
$$L[y'] = sY(s) - y(0) = sY(s) \qquad (4.26)$$
$$L[y''] = s^2Y(s) - sy(0) - y'(0) = s^2Y(s) \qquad (4.27)$$

したがって，微分方程式のラプラス変換 $L[y''] + aL[y'] = L[1]$ より

$$(s^2 + as)Y(s) = \frac{1}{s}, \quad \therefore Y(s) = \frac{1}{s^2(s+a)} \qquad ①$$

と $Y(s)$ が求まる．したがって，合成積に対する公式(4.18)を用いて逆変換を行えば微分方程式の解が求められる．

$$y(t) = L^{-1}[Y(s)] = L^{-1}\left[\frac{1}{s^2(s+a)}\right] = L^{-1}\left[L[t]L[e^{-at}]\right]$$
$$= L^{-1}L\left[\int_0^t \xi e^{-a(t-\xi)}d\xi\right] = e^{-at}\int_0^t \xi e^{a\xi}d\xi = \frac{1}{a^2}\left(at - 1 + e^{-at}\right)$$

【別解】 ①を部分分数にわけると $\dfrac{1}{s^2(s+a)} = \dfrac{1}{as^2} - \dfrac{1}{a^2}\left(\dfrac{1}{s} - \dfrac{1}{s+a}\right)$ であるから，それぞれを逆変換すれば解が求まる．

問題7 次の方程式をラプラス変換を利用して解け.
(1) $y'(t) + 3y(t) = \sin t, \quad y(0) = 1$ 　(2) $y''(t) + 4y'(t) + 4y(t) = e^{-2t}, \quad y(0) = 2, y'(0) = 3$
(3) $\displaystyle\int_0^t e^{2(t-\lambda)} y(\lambda) d\lambda = \sin t$ 　(4) $\displaystyle\int_0^t \cos(t-\lambda) y(\lambda) d\lambda = t$

*4.4 逆ラプラス変換

> 区間 $0 < t < \infty$ で定義された関数 $f(t)$ が区分的になめらかで，収束域 $\mathrm{Re}\, s = s' > \beta$（$\beta$：収束座標）に対して $\mathrm{L}[f(t)] = F(s)$ が定義できるものとする．このとき，逆ラプラス変換の公式は
>
> $$f(t) = \lim_{T \to \infty} \frac{1}{2\pi i} \int_{s'-iT}^{s'+iT} F(s) e^{st} ds \qquad (4.28)$$
>
> $t = t_0$ で $f(t)$ が不連続であれば，(4.28) の左辺は
>
> $$f(t) = \frac{1}{2}\bigl(f(t_0 + 0) + f(t_0 - 0)\bigr), \quad t = t_0$$

　ラプラス変換において，s が複素数 $s = s' + is''$ としても，これまでの議論はそのまま用いることができる．ただし，収束域は s の実数部分に対して $\mathrm{Re}\, s = s' > \beta$ である．

　ラプラス変換を $t > 0$ の領域で定義した．ここで，関数 $f(t)$ を

$$f(t) = \begin{cases} f(t), & t > 0 \\ 0, & t < 0 \end{cases}$$

と定義すれば，ラプラス変換はフーリエ変換で書ける．

$$\begin{aligned} \mathrm{L}[f(t)] &= F(s) \\ &= \int_{-\infty}^{\infty} f(t) e^{-st} dt = \int_{-\infty}^{\infty} f(t) e^{-s't} e^{-is''t} dt = \sqrt{2\pi}\, \hat{\mathrm{F}}[f(t) e^{-s't}] \end{aligned}$$

したがって，フーリエ変換の反転公式を用いて

$$f(t) e^{-s't} = \frac{1}{\sqrt{2\pi}} \int_{-\infty}^{\infty} \frac{1}{\sqrt{2\pi}} F(s' + is'') e^{is''t} ds''$$

である．これから原関数 $f(t)$ は

$$f(t) = \frac{1}{2\pi}e^{s't}\int_{-\infty}^{\infty} F(s'+is'')e^{is''t}ds'' \underset{s=s'+is''}{=} \frac{1}{2\pi i}\int_{s'-i\infty}^{s'+i\infty} F(s)e^{st}ds \qquad (4.29)$$

$s' > \beta$ の領域で $F(s)$ は正則であるから，(4.29) の s' は $s' > \beta$ である．

【例 8】 【例 7】の微分方程式を逆ラプラス変換の公式を用いて解け．

【解】 $Y(s) = \dfrac{1}{s^2(s+a)}$ の極は $s = 0$ および $s = -a$ である．$s' > 0, -a$ の領域で (4.29) の積分は

$$\int_{s'-i\infty}^{s'+i\infty} Y(s)e^{st}ds = \lim_{T\to\infty}\int_{s'-iT}^{s'+iT} Y(s)e^{st}ds$$
$$= \lim_{T\to\infty}\int_{C_1} Y(s)e^{st}ds$$

と書ける．C_1 は図 4.2 の積分経路である．後で示すように半径 $R \to \infty$ の円周上 C_2 では

$$\lim_{R\to\infty}\int_{C_2} \frac{e^{st}}{s^2(s+a)}ds = 0$$

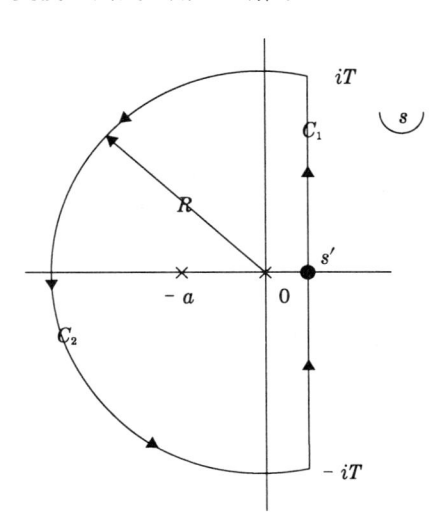

図 4.2 積分経路

であるから

$$\int_{s'-i\infty}^{s'+i\infty} \frac{e^{st}}{s^2(s+a)}ds = \lim_{R\to\infty}\int_{C_1} \frac{e^{st}}{s^2(s+a)}ds + \lim_{R\to\infty}\int_{C_2} \frac{e^{st}}{s^2(s+a)}ds$$
$$= \lim_{R\to\infty}\oint_{C=C_1+C_2} \frac{e^{st}}{s^2(s+a)}ds$$

留数の定理を用いて

$$y(t) = \frac{1}{2\pi i}\int_{s'-i\infty}^{s'+i\infty} \frac{e^{st}}{s^2(s+a)}ds = \lim_{R\to\infty}\frac{1}{2\pi i}\oint_{C=C_1+C_2} \frac{e^{st}}{s^2(s+a)}ds$$
$$= \text{Res}[\frac{e^{st}}{s^2(s+a)}, 0] + \text{Res}[\frac{e^{st}}{s^2(s+a)}, -a]$$

ここで

$$\text{Res}\left[\frac{e^{st}}{s^2(s+a)}, 0\right] = \lim_{s\to 0}\frac{d}{ds}s^2\frac{e^{st}}{s^2(s+a)} = \lim_{s\to 0}\frac{te^{st}(s+a)-e^{st}}{(s+a)^2} = \frac{at-1}{a^2}$$

$$\text{Res}\left[\frac{e^{st}}{s^2(s+a)}, -a\right] = \lim_{s\to -a}(s+a)\frac{e^{st}}{s^2(s+a)} = \frac{e^{-at}}{a^2}$$

以上から

$$y(t) = \frac{1}{a^2}\left(at-1+e^{-at}\right)$$

この結果は【例7】の結果と一致する．

$$\boxed{\lim_{R\to\infty}\int_{C_2}\frac{e^{st}}{s^2(s+a)}ds = 0 \text{ の証明}}$$

【証明】s' は $s' > \beta$ を満たすある値とする（図4.2）．半径 R の円弧 C_2 上の座標を $s = (S', S'')$ とすれば，$S' \leq s'$ である．C_2 上の s は $s = S' + iS'' = Re^{i\theta}$ と表せ，$|e^{st}| = |e^{(S'+iS'')t}| = |e^{S't}| \leq e^{s't}$, であるから

$$|e^{st}Y(s)| = |e^{st}||Y(s)| = e^{S't}\left|\frac{1}{R^2(Re^{i\theta}+a)}\right| \leq \frac{e^{s't}}{R^3}\left|\frac{1}{1+(a/R)e^{-i\theta}}\right|$$

R_0 を十分に大きいある半径とすれば，$R > R_0 \gg |a|$ の領域で

$$\frac{e^{s't}}{R^3}\left|\frac{1}{1+(a/R)e^{-i\theta}}\right| \leq \frac{e^{s't}}{R^3}\frac{1}{1-|a/R|} < \frac{Me^{s't}}{R^3}$$

ただし

$$M = \frac{1}{1-|a/R_0|}, \quad R > R_0$$

したがって

$$\lim_{R\to\infty}\int_{C_2}\frac{e^{st}}{s^2(s+a)}ds \underset{s=Re^{i\theta}}{\leq} \lim_{R\to\infty}\int_{C_2}\left|\frac{e^{st}}{s^2(s+a)}\right||ds|$$

$$\leq \lim_{R\to\infty}\int_{C_2}\frac{Me^{s't}}{R^3}Rd\theta \leq \lim_{R\to\infty}\frac{2\pi Me^{s't}}{R^2} = 0$$

4．ラプラス変換

練習問題 4

【1】 $f(t)$ が周期 a の周期関数, $f(t+a) = f(t)$, $t > 0$ であり,かつ $0 \leq t \leq a$ で区分的に連続ならば

$$L[f(t)] = \int_0^a dt \exp(-st) \frac{f(t)}{1 - \exp(-as)} \tag{4.30}$$

であることを証明せよ.

【2】 $f(t)$ が周期 $2a$ の周期関数 $f(t+2a) = f(t)$, $t \geq 0$ で

$$f(t) = \begin{cases} \dfrac{1}{a} t, & 0 \leq t \leq a \\ \dfrac{1}{a}(2a - t), & a < t \leq 2a \end{cases}$$

で与えられるとき,この関数のラプラス変換を求めよ.

【3】ベッセル関数 $J_0(at)$ のラプラス変換を求めよ.ただし,a は定数で

$$J_0(t) = 1 - \frac{t^2}{2^2} + \frac{t^4}{2^2 4^2} - \frac{t^6}{2^2 4^2 6^2} + \cdots$$

で与えられる.必要ならば $(b+c)^{-1/2}$ の二項展開 (p.122) と比較せよ.

【4】関数 $f(t)$ のラプラス変換は $F(s) = L[f(t)]$ である.次の問いに答えよ.
(1) 次の関係式が成り立つことを示せ.

$$L\left[\frac{f(t)}{t}\right] = \int_s^\infty F(x) \, dx$$

(2) $g(t) = \dfrac{1 - e^{at}}{t}$ のラプラス変換を求めよ.ただし,a はゼロでない定数とする.

【5】合成法則を用いて，次の関数の原関数を求めよ．

(1) $F(s) = \dfrac{s}{(s^2 + a^2)^2}, \quad a \neq 0$

(2) $F(s) = \dfrac{s}{s^3 - 1}$

【6】 $F(s) = \dfrac{1}{s^2(s^2 + \omega^2)}$ の原関数を求めよ．

【7】単振動の方程式
$$\frac{d^2 x}{dt^2} = -kx, \quad k > 0$$

のラプラス変換をし，次の逆ラプラス変換の方法によって解を求め．

1. 部分分数の方法
2. 逆変換の公式 (4.28)

ただし，$t = 0$ で $x = x_0$, $dx/dt = v_0$ とし，2. については逆変換における積分経路も示せ．

【8】次の微分方程式を解け．

(1) $y'' + 4y = e^{2x}, \quad y(0) = 1, \ y'(0) = 2$

(2) $y'' + 3y = 1, \quad y(0) = 5, \ y'(0) = 2$

問題解答

問題1 (1) 公式 (4.1), (4.4) より
$$L[3\theta(t)] = \int_0^\infty 3\theta(t)e^{-st}dt = 3\int_0^\infty \theta(t)e^{-st}dt = 3L[\theta(t)] = \frac{3}{s}$$

(2) 公式 (4.5) に $a = -5$ を代入して $L[e^{-5t}] = \dfrac{1}{s+5}$

(3) 公式 (4.7) を用いて $L[t^3] = \dfrac{3!}{s^4} = \dfrac{6}{s^4}$

(4) 公式 (4.5) に $a = 3$ を代入して $L[e^{3t}] = \dfrac{1}{s-3}$

(5) (4.8) から $L[t] = \dfrac{1}{s^2}$ である. 公式 (4.6) を用いて $L[te^{-3t}] = \dfrac{1}{(s+3)^2}$

問題2 (1) 公式 (4.5) で, $a = i6$ とおいて $L[e^{i6t}] = \dfrac{1}{s-i6} = \dfrac{s+i6}{s^2+6^2}$

(2) 公式 (4.12) で $a = 1$ とおいて $L[\sinh t] = \dfrac{1}{s^2-1}$

(3) 公式 (4.13) で $a = 4$ とおいて $L[\cosh 4t] = \dfrac{s}{s^2-4^2}$

(4) 公式 (4.11) から $L[\cos 3t] = \dfrac{s}{s^2+3^2}$. (4.6) を用いて $L[e^{-3t}\cos 3t] = \dfrac{s+3}{(s+3)^2+3^2}$

(5) 公式 (4.6) から $L[t\sin t] = \mathrm{Im}\, L[te^{it}] = \mathrm{Im}\, \dfrac{1}{(s-i)^2} = \mathrm{Im}\left(\dfrac{s+i}{s^2+1}\right)^2 = \dfrac{2s}{(s^2+1)^2}$

(6) (4.9) より $L[\theta(t-5)] = \dfrac{1}{s}e^{-5s}$

(7) $L[t] = \dfrac{1}{s^2}$ であるから, (4.10) を用いて $L[\theta(t-2)(t-2)] = \dfrac{1}{s^2}e^{-2s}$

(8) $L[e^t] = \dfrac{1}{s-1}$ であるから, (4.10) を用いて $L[\theta(t-3)e^{t-3}] = \dfrac{1}{s-1}e^{-3s}$

(9) 加法定理を用いて, $L[\cos(at+b)] = \dfrac{s\cos b}{s^2+a^2} - \dfrac{a\sin b}{s^2+a^2} = \dfrac{s\cos b - a\sin b}{s^2+a^2}$

(10) 加法定理を用いて, $L[\sin(at+b)] = \dfrac{a\cos b}{s^2+a^2} + \dfrac{s\sin b}{s^2+a^2} = \dfrac{a\cos b + s\sin b}{s^2+a^2}$

問題3 (1) 線形法則を用いて

$$L[t\sinh t] = L\left[\frac{1}{2}t(e^t - e^{-t})\right] = \frac{1}{2}\left(L[te^t] - L[te^{-t}]\right)$$
$$= \frac{1}{2}\left(\frac{1}{(s-1)^2} - \frac{1}{(s+1)^2}\right) = \frac{2s}{(s-1)^2(s+1)^2}$$

(2) 線形法則を用いて $L[3\sin t + 5\cos 3t] = 3L[\sin t] + 5L[\cos 3t] = \dfrac{3}{s^2+1} + \dfrac{5s}{s^2+9}$

(3) 線形法則を用いて $L[3(t^6 - 4t)] = 3L[t^6] - 12L[t] = \dfrac{3\cdot 6!}{s^7} - \dfrac{12}{s^2} = \dfrac{2160}{s^7} - \dfrac{12}{s^2}$

問題4 (1) $Y(s) = L[y(t)]$ とおいて，(4.17)から
$$F(s) = L[y''(t)] + L[10] = s^2 Y(s) - sy(0) - y'(0) + \dfrac{10}{s}$$
$$= s^2 Y(s) + \dfrac{10}{s}$$

(2) (1)と同様に
$$F(s) = L[y''(t)] + 2L[y'(t)] + L[t]$$
$$= s^2 Y(s) - sy(0) - y'(0) + 2(sY(s) - y(0)) + \dfrac{1}{s^2}$$
$$= (s^2 + 2s)Y(s) - s - 3 + \dfrac{1}{s^2}$$

問題5 (1) $f(t) = L^{-1}\left[\dfrac{5}{s-1}\right] = 5L^{-1}\left[\dfrac{1}{s-1}\right] = 5e^t$

(2) 部分分数にわけて
$$\dfrac{1}{s^2 - 3s + 2} = \dfrac{1}{(s-2)(s-1)} = \dfrac{1}{s-2} - \dfrac{1}{s-1}$$
ゆえに
$$L^{-1}\left[\dfrac{1}{s^2 - 3s + 2}\right] = L^{-1}\left[\dfrac{1}{s-2} - \dfrac{1}{s-1}\right] = e^{2t} - e^t$$

(3)
$$L^{-1}\left[\dfrac{1}{(1-as)^2}\right] = L^{-1}\left[\dfrac{1}{a^2}\dfrac{1}{(s-\frac{1}{a})^2}\right] = \dfrac{1}{a^2} t e^{\frac{1}{a}t}$$

(4)
$$L^{-1}\left[\dfrac{s-2}{s^2+9}\right] = L^{-1}\left[\dfrac{s}{s^2+3^2} - \dfrac{2}{3}\dfrac{3}{s^2+3^2}\right] = \cos 3t - \dfrac{2}{3}\sin 3t$$

(5) 部分分数に分けて
$$L^{-1}\left[\dfrac{1}{(s+1)(s+2)(s-5)}\right] = L^{-1}\left[-\dfrac{1}{6}\dfrac{1}{s+1} + \dfrac{1}{7}\dfrac{1}{s+2} + \dfrac{1}{42}\dfrac{1}{s-5}\right]$$
$$= -\dfrac{1}{6}e^{-t} + \dfrac{1}{7}e^{-2t} + \dfrac{1}{42}e^{5t}$$

(6) $s^2 + s + 1 = (s+\dfrac{1}{2})^2 + \left(\dfrac{\sqrt{3}}{2}\right)^2$ だから

4．ラプラス変換

$$\frac{s}{s^3-1} = \frac{s}{(s-1)(s^2+s+1)} = \frac{\alpha_1}{s-1} + \frac{\alpha_2(s+\frac{1}{2})+\alpha_3}{s^2+s+1}$$

とおく．両辺を等しくおいて，$\alpha_1 = \frac{1}{3}$，$\alpha_2 = -\frac{1}{3}$，$\alpha_3 = \frac{1}{2}$ が求まる．したがって

$$F(s) = \frac{1}{3}\frac{1}{s-1} - \frac{1}{3}\frac{(s+\frac{1}{2})}{(s+\frac{1}{2})^2+\left(\frac{\sqrt{3}}{2}\right)^2} + \frac{1}{\sqrt{3}}\frac{\frac{\sqrt{3}}{2}}{(s+\frac{1}{2})^2+\left(\frac{\sqrt{3}}{2}\right)^2}$$

$$\therefore \quad f(t) = \frac{1}{3}e^t - \frac{1}{3}e^{-\frac{1}{2}t}\cos\frac{\sqrt{3}}{2}t + \frac{1}{\sqrt{3}}e^{-\frac{1}{2}t}\sin\frac{\sqrt{3}}{2}t$$

問題6 (1) $$F(s) = \frac{1}{(s+1)(s^2+2s+2)} = \frac{1}{(s+1)\{(s+1)^2+1\}}$$

にヘビサイドの定理を用いる．分母の $s+1$ について

$$F(s) = \frac{\Phi_1(s)}{s+1} = \frac{\alpha}{s+1} + \beta_1(s) = \frac{1}{s+1} + \beta_1(s), \quad \alpha = \Phi_1(-1) = 1$$

$(s+1)^2+1$ に対して

$$F(s) = \frac{\Phi_2(s)}{(s+1)^2+1} = \frac{\phi_i(s+1)+\phi_r}{(s+1)^2+1} + \beta_2(s)$$

ここに

$$\phi_r + i\phi_i = \Phi_2(-1+i) = \frac{1}{-1+i+1} = -i$$

であるから，$\phi_r = 0$，$\phi_i = -1$．以上から

$$F(s) = \frac{1}{s+1} - \frac{s+1}{(s+1)^2+1}$$

逆変換をすると

$$\mathrm{L}^{-1}[F(s)] = e^{-t} - e^{-t}\cos t = e^{-t}(1-\cos t)$$

(2) $s-1$ に対して $\quad \dfrac{\Phi_1(s)}{s-1} = \dfrac{\Phi_1(1)}{s-1} + \beta_1(s) = \dfrac{1}{27}\dfrac{1}{s-1} + \beta_1(s)$

一方，$(s+2)^3$ については

$$\frac{\Phi_2(s)}{(s+2)^3} = \sum_{k=1}^{3}\frac{\alpha_k}{(s+2)^k} + \beta(s), \quad \alpha_k = \frac{\Phi_2^{(3-k)}(-2)}{(3-k)!}$$

ただし
$$\alpha_3 = \Phi_2^{(0)}(-2) = \frac{1}{-2-1} = -\frac{1}{3}$$
$$\alpha_2 = \Phi_2^{(1)}(-2) = \frac{d}{ds}\left(\frac{1}{s-1}\right)_{s=-2} = -\left(\frac{1}{s-1}\right)^2_{s=-2} = -\frac{1}{9}$$
$$\alpha_1 = \frac{1}{2}\Phi_2^{(2)}(-2) = \frac{1}{2}\frac{d^2}{ds^2}\left(\frac{1}{s-1}\right)_{s=-2} = \left(\frac{1}{s-1}\right)^3_{s=-2} = -\frac{1}{27}$$

したがって
$$\frac{\Phi_2(s)}{(s+2)^3} = -\frac{1}{27}\frac{1}{s+2} - \frac{1}{9}\frac{1}{(s+2)^2} - \frac{1}{3}\frac{1}{(s+2)^3} + \beta(s)$$

結局
$$F(s) = \frac{1}{(s-1)(s+2)^3} = \frac{1}{27}\frac{1}{s-1} - \frac{1}{27}\frac{1}{s+2} - \frac{1}{9}\frac{1}{(s+2)^2} - \frac{1}{3}\frac{1}{(s+2)^3}$$

ゆえに，原関数は
$$f(t) = L^{-1}[F(s)] = \frac{1}{27}e^t - \frac{1}{27}e^{-2t} - \frac{1}{9}e^{-2t}t - \frac{1}{3}\cdot\frac{1}{2}e^{-2t}t^2$$
$$= \frac{1}{27}e^t - \frac{1}{3}e^{-2t}\left(\frac{1}{9} + \frac{1}{3}t + \frac{1}{2}t^2\right)$$

と求まる．

問題 7 (1) $sY(s) - y(0) + 3Y(s) = \frac{1}{s^2+1}$ $\therefore Y(s) = \frac{1}{(s+3)(s^2+1)} + \frac{1}{s+3}$.

右辺 1 項目に対して，ヘビサイドの定理を用いると

$s+3$ について
$$\frac{\Phi_1(s)}{s+3} = \frac{\Phi_1(-3)}{s+3} + \beta_1(s) = \frac{1}{10}\frac{1}{s+3} + \beta_1(s)$$

s^2+1 について
$$\frac{\Phi_2(s)}{s^2+1} = -\frac{1}{10}\frac{s-3}{s^2+1} + \beta_2(s)$$
$$\therefore \Phi(i) = \phi_r + i\phi_i = \frac{1}{i+3} = \frac{3-i}{10}, \quad \therefore \phi_r = \frac{3}{10}, \quad \phi_i = -\frac{1}{10}$$

右辺 2 項目を考慮して
$$Y(s) = \frac{11}{10}\frac{1}{s+3} - \frac{1}{10}\frac{s-3}{s^2+1}$$

ゆえに
$$y(t) = L^{-1}[Y(s)] = \frac{11}{10}e^{-3t} - \frac{1}{10}(\cos t - 3\sin t)$$

(2) $s^2Y(s) - sy(0) - y'(0) + 4(sY(s) - y(0)) + 4Y(s) = \frac{1}{s+2}$.
$$\therefore Y(s) = \frac{1}{(s+2)^3} + \frac{2s+11}{(s+2)^2} = \frac{1}{(s+2)^3} + \frac{7}{(s+2)^2} + \frac{2}{s+2}$$

4．ラプラス変換

逆変換して
$$y(t) = \mathrm{L}^{-1}[Y(s)] = \frac{1}{2}t^2 e^{-2t} + 7te^{-2t} + 2e^{-2t} = e^{-2t}\left(\frac{1}{2}t^2 + 7t + 2\right)$$

(3) $\mathrm{L}[e^{2t}]\mathrm{L}[y(t)] = \dfrac{1}{s^2+1}$, $\dfrac{1}{s-2}Y(s) = \dfrac{1}{s^2+1}$.

$$\therefore \quad Y(s) = \frac{s-2}{s^2+1}$$

逆変換して
$$\mathrm{L}^{-1}[Y(s)] = \cos t - 2\sin t$$

(4) $\mathrm{L}[\cos t]\mathrm{L}[y(t)] = \dfrac{1}{s^2}$, $\dfrac{s}{s^2+1}Y(s) = \dfrac{1}{s^2}$.

$$\therefore \quad Y(s) = \frac{1}{s}\left(1 + \frac{1}{s^2}\right)$$

逆変換して
$$\mathrm{L}^{-1}[Y(s)] = 1 + \frac{1}{2}t^2$$

練習問題4解答

【1】定義に従って
$$L[f(t)] = \int_0^\infty f(t)e^{-st}dt$$
$$= \int_0^a f(t)e^{-st}dt + \int_a^{2a} f(t)e^{-st}dt + \dots + \int_{na}^{(n+1)a} f(t)e^{-st}dt + \dots$$
$$= \sum_{n=0}^\infty \int_{na}^{(n+1)a} f(t)e^{-st}dt$$

$t - na = \tau$ と変数変換すれば
$$L[f(t)] = \sum_{n=0}^\infty \int_0^a f(\tau+na)e^{-s(\tau+na)}d\tau = \sum_{n=0}^\infty e^{-san}\int_0^a f(\tau)e^{-s\tau}d\tau$$
$$= \frac{1}{1-e^{-as}}\int_0^a f(\tau)e^{-s\tau}d\tau$$

ここで，周期関数の性質 $f(t) = f(t+a) = f(t+2a) = \dots = f(t+na) = \dots$ を用いた．

【2】【1】の結果で，$a \to 2a$ とすると $L[f(t)] = \dfrac{1}{1-e^{-2as}}\int_0^{2a} f(t)e^{-st}dt$．したがって
$$\int_0^{2a} f(t)e^{-st}dt = \int_0^a \frac{1}{a}te^{-st}dt - \int_a^{2a} \frac{1}{a}(t-2a)e^{-st}dt$$
$$= \frac{1}{a}\left(-\frac{te^{-st}}{s}\bigg|_0^a + \frac{1}{s}\int_0^a e^{-st}dt + \frac{(t-2a)e^{-st}}{s}\bigg|_a^{2a} - \frac{1}{s}\int_a^{2a} e^{-st}dt\right)$$
$$= \frac{1}{a}\left(-\frac{a}{s}e^{-sa} - \frac{1}{s^2}(e^{-sa}-1) + \frac{a}{s}e^{-sa} + \frac{1}{s^2}(e^{-2as}-e^{-as})\right)$$

整理して
$$\int_0^{2a} f(t)e^{-st}dt = \frac{1}{as^2}\left(1-2e^{-as}+e^{-2as}\right) = \frac{1}{as^2}(1-e^{-as})^2$$

ゆえに
$$L[f(t)] = \frac{1}{as^2}\frac{(1-e^{-as})^2}{1-e^{-2as}} = \frac{1}{as^2}\frac{1-e^{-as}}{1+e^{-as}}$$

【3】$J_0(t)$ のラプラス変換は
$$L[J_0(t)] = L[1] - \frac{1}{2^2}L[t^2] + \frac{1}{2^2 4^2}L[t^4] - \frac{1}{2^2 4^2 6^2}L[t^6] + \dots$$
$$= \frac{1}{s} - \frac{1}{2}\frac{1}{s^3} + \frac{3}{2\cdot 4}\frac{1}{s^5} - \frac{5\cdot 3}{2\cdot 4\cdot 6}\frac{1}{s^7} + \dots$$

4．ラプラス変換

$$= \frac{1}{s}\left(1 + \left(-\frac{1}{2}\right)\frac{1}{s^2} + \frac{1}{2!}\left(-\frac{1}{2}\right)\left(-\frac{1}{2}-1\right)\frac{1}{s^4} + \frac{1}{3!}\left(-\frac{1}{2}\right)\left(-\frac{1}{2}-1\right)\left(-\frac{1}{2}-2\right)\frac{1}{s^6} + ...\right)$$

$$= \frac{1}{s}\left(1 + \frac{1}{s^2}\right)^{-\frac{1}{2}} = \frac{1}{\sqrt{1+s^2}}$$

公式 (4.16) を用いて

$$L[J_0(at)] = \frac{1}{a}F\left(\frac{s}{a}\right) = \frac{1}{a}\frac{1}{\sqrt{1+\left(\frac{s}{a}\right)^2}} = \frac{1}{\sqrt{s^2+a^2}}$$

【4】(1) 右辺を変形すると

$$\int_s^\infty F(x)\,dx = \int_s^\infty dx \int_0^\infty dt\, f(t)e^{-xt}$$

$$= \int_0^\infty dt\, f(t)\int_s^\infty e^{-xt}dx = \int_0^\infty dt\, f(t)\left(-\frac{e^{-xt}}{t}\bigg|_s^\infty\right)$$

$$= \int_0^\infty dt\, \frac{f(t)}{t}e^{-st} = L\left[\frac{f(t)}{t}\right]$$

(2) $1-e^{at}$ のラプラス変換は $F(s) = \int_0^\infty (1-e^{at})e^{-st}dt = \frac{1}{s} - \frac{1}{s-a}$ であるから

$$L\left[\frac{1-e^{at}}{t}\right] = \int_s^\infty F(x)\,dx = \int_s^\infty \left(\frac{1}{x} - \frac{1}{x-a}\right)dx$$

$$= \ln\frac{x}{x-a}\bigg|_s^\infty = \ln\frac{s-a}{s}$$

【5】(1) 合成積の法則を用いて

$$L^{-1}[F(s)] = \frac{1}{a}L^{-1}\left[\frac{a}{s^2+a^2}\frac{s}{s^2+a^2}\right] = \frac{1}{a}L^{-1}L[\sin at * \cos at]$$

$$= \frac{1}{a}\int_0^t \sin a(t-\xi)\cos a\xi\, d\xi = \frac{1}{2a}\int_0^t (\sin at + \sin a(t-2\xi))d\xi$$

$$= \frac{1}{2a}t\sin at$$

(2)
$$\frac{s}{s^3-1} = \frac{s}{(s-1)(s^2+s+1)}$$
$$= \frac{s+\frac{1}{2}}{(s-1)\left\{\left(s+\frac{1}{2}\right)^2+\left(\frac{\sqrt{3}}{2}\right)^2\right\}} - \frac{1}{\sqrt{3}}\frac{\frac{\sqrt{3}}{2}}{(s-1)\left\{\left(s+\frac{1}{2}\right)^2+\left(\frac{\sqrt{3}}{2}\right)^2\right\}}$$

と変形して
$$L^{-1}[F(s)] = L^{-1}\left[L\left[e^t * e^{-\frac{1}{2}t}\cos\frac{\sqrt{3}}{2}t\right] - \frac{1}{\sqrt{3}}L\left[e^t * e^{-\frac{1}{2}t}\sin\frac{\sqrt{3}}{2}t\right]\right]$$
$$= \int_0^t e^{t-\xi}e^{-\frac{1}{2}\xi}\cos\frac{\sqrt{3}}{2}\xi d\xi - \frac{1}{\sqrt{3}}\int_0^t e^{t-\xi}e^{-\frac{1}{2}\xi}\sin\frac{\sqrt{3}}{2}\xi d\xi = e^t\left(C - \frac{1}{\sqrt{3}}S\right)$$

ただし
$$C \equiv \int_0^t e^{-\frac{3}{2}\xi}\cos\frac{\sqrt{3}}{2}\xi d\xi, \quad S \equiv \int_0^t e^{-\frac{3}{2}\xi}\sin\frac{\sqrt{3}}{2}\xi d\xi$$

積分して
$$C = -\frac{2}{3}\left\{e^{-\frac{3}{2}t}\cos\frac{\sqrt{3}}{2}t - 1\right\} - \frac{1}{\sqrt{3}}S, \quad S = -\frac{2}{3}e^{-\frac{3}{2}t}\sin\frac{\sqrt{3}}{2}t + \frac{1}{\sqrt{3}}C$$

より
$$C = \frac{1}{2} - \frac{1}{2}e^{-\frac{3}{2}t}\cos\frac{\sqrt{3}}{2}t + \frac{1}{2\sqrt{3}}e^{-\frac{3}{2}t}\sin\frac{\sqrt{3}}{2}t$$
$$S = \frac{1}{2\sqrt{3}} - \frac{1}{2}e^{-\frac{3}{2}t}\sin\frac{\sqrt{3}}{2}t - \frac{1}{2\sqrt{3}}e^{-\frac{3}{2}t}\cos\frac{\sqrt{3}}{2}t$$

ゆえに
$$f(t) = L^{-1}[F(s)] = \frac{1}{3}e^t - \frac{1}{3}e^{-\frac{1}{2}t}\cos\frac{\sqrt{3}}{2}t + \frac{1}{\sqrt{3}}e^{-\frac{1}{2}t}\sin\frac{\sqrt{3}}{2}t$$

問題5の(6)の解が再び得られた．

【6】部分分数の方法により

$$L^{-1}[F(s)] = L^{-1}\left[\frac{1}{s^2(s^2+\omega^2)}\right]$$
$$= \frac{1}{\omega^2}L^{-1}\left[\frac{1}{s^2} - \frac{1}{s^2+\omega^2}\right] = \frac{1}{\omega^2}\left(t - \frac{1}{\omega}\sin\omega t\right)$$
$$= \frac{t}{\omega^2} - \frac{1}{\omega^3}\sin\omega t$$

＊逆ラプラス変換の公式 (4.28) を用いて

$$L^{-1}[F(s)] = \frac{1}{2\pi i}\oint \frac{1}{s^2(s^2+\omega^2)}e^{st}ds$$

$$= \text{Res}\left[\frac{1}{s^2(s^2+\omega^2)}e^{st}, 0\right] + \text{Res}\left[\frac{1}{s^2(s^2+\omega^2)}e^{st}, \pm i\omega\right]$$

$$= \left.\frac{te^{st}(s^2+\omega^2) - 2se^{st}}{(s^2+\omega^2)^2}\right|_{s=0} - \frac{1}{\omega^2}\left(\frac{e^{i\omega t} - e^{-i\omega t}}{i2\omega}\right)$$

$$= \frac{t}{\omega^2} - \frac{1}{\omega^3}\sin\omega t$$

【7】1. ラプラス変換をし，初期条件を用いれば

$$s^2 X - sx(0) - x'(0) = -kX$$

$$\therefore \quad X = \frac{sx_0 + v_0}{s^2 + k}$$

$$= x_0 \frac{s}{s^2 + (\sqrt{k})^2} + \frac{v_0}{\sqrt{k}}\frac{\sqrt{k}}{s^2 + (\sqrt{k})^2}$$

ラプラス変換の公式を用いて

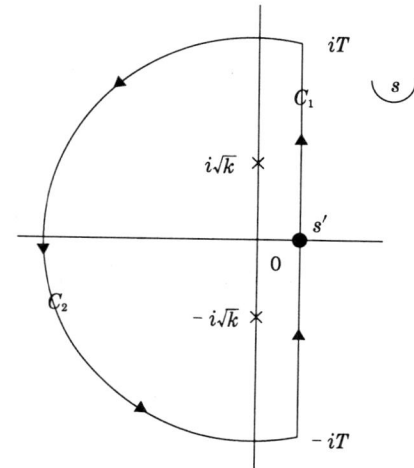

図 4.3　積分経路

$$L^{-1}[X] = L^{-1}\left[\frac{sx_0 + v_0}{s^2 + (\sqrt{k})^2}\right] = x_0\cos\sqrt{k}\,t + \frac{v_0}{\sqrt{k}}\sin\sqrt{k}\,t$$

2. ＊逆変換の式 (4.28) に代入して

$$x(t) = \frac{1}{2\pi i}\int_{s'-i\infty}^{s'+i\infty} X(s)e^{st}ds = \frac{1}{2\pi i}\oint \frac{sx_0+v_0}{s^2+k}e^{st}ds$$

$$= \text{Res}\left[\frac{sx_0+v_0}{s^2+k}e^{st}, i\sqrt{k}\right] + \text{Res}\left[\frac{sx_0+v_0}{s^2+k}e^{st}, -i\sqrt{k}\right]$$

$$= \frac{i\sqrt{k}x_0+v_0}{i2\sqrt{k}}e^{i\sqrt{k}\,t} - \frac{-i\sqrt{k}x_0+v_0}{i2\sqrt{k}}e^{-i\sqrt{k}\,t} = x_0\cos\sqrt{k}\,t + \frac{v_0}{\sqrt{k}}\sin\sqrt{k}\,t$$

積分路は図4.3 である.

【8】(1) 両辺のラプラス変換より
$$s^2Y - s - 2 + 4Y = \frac{1}{s-2}$$
したがって
$$Y = \frac{1}{s^2+4}\frac{1}{s-2} + \frac{s+2}{s^2+4}$$
$$= \frac{1}{8}\frac{1}{s-2} + \frac{1}{2}\frac{\phi_i s + 2\phi_r}{s^2+4} + \frac{s+2}{s^2+4}$$
ここで
$$\Phi(i2) = \phi_r + i\phi_i$$
$$= \frac{1}{i2-2} = -\frac{1}{4}(1+i), \quad \phi_r = \phi_i = -\frac{1}{4}$$
ゆえに
$$\therefore y = \frac{1}{8}e^{2t} - \frac{1}{8}(\cos 2t + \sin 2t) + \cos 2t + \sin 2t = \frac{1}{8}e^{2t} + \frac{7}{8}(\cos 2t + \sin 2t)$$

(2) 両辺のラプラス変換より $s^2Y - 5s - 2 + 3Y = \frac{1}{s}$.
したがって
$$Y = \frac{1}{s^2+3}\frac{1}{s} + \frac{5s+2}{s^2+3} = \frac{1}{3}\frac{1}{s} + \frac{1}{\sqrt{3}}\frac{\phi_i s + \sqrt{3}\phi_r}{s^2+3} + \frac{5s+2}{s^2+3}$$
ただし
$$\Phi(i\sqrt{3}) = \phi_r + i\phi_i = -i\frac{1}{\sqrt{3}}, \quad \phi_r = 0, \quad \phi_i = -\frac{1}{\sqrt{3}}$$

$$\therefore y = \frac{1}{3} - \frac{1}{3}\cos\sqrt{3}t + 5\cos\sqrt{3}t + \frac{2}{\sqrt{3}}\sin\sqrt{3}t = \frac{1}{3} + \frac{14}{3}\cos\sqrt{3}t + \frac{2}{\sqrt{3}}\sin\sqrt{3}t$$

付録A　マクローリン展開とオイラーの公式

マクローリン展開　関数 $f(x)$ が $x=0$ で無限回微分可能とする．このとき

$$f(x) = a_0 + a_1 x + a_2 x^2 + \ldots + a_n x^n + \ldots$$

と展開できるとものする．これは $x=0$ におけるテイラー展開であるが，特にマクローリン展開とよぶ．これらの係数は次のようにして求められる．

1. 両辺 $x=0$ とおくと

$$a_0 = f(0)$$

同様に1回微分して $x=0$ とおけば

$$a_1 = f'(0), \quad f'(0) = \left.\frac{df(x)}{dx}\right|_{x=0}$$

2. n 回微分すれば，$f^{(n)}(x) = n! a_n + \frac{(n+1)!}{1!} a_{n+1} x + \frac{(n+2)!}{2!} a_{n+2} x^2 + \ldots$．$x=0$ とおいて

$$a_n = \frac{1}{n!} f^{(n)}(0)$$

以上から，$f(x)$ のマクローリン展開は

$$\begin{aligned}
f(x) &= f(0) + f'(0)x + \frac{1}{2!} f''(0) x^2 + \ldots + \frac{1}{n!} f^{(n)}(0) x^n + \ldots \\
&= \sum_{k=0}^{\infty} \frac{1}{k!} f^{(k)}(0) x^k, \quad 0! = 1, \quad f^{(0)}(0) = f(0)
\end{aligned} \tag{A.1}$$

オイラーの公式　指数関数 e^{ix}, $\cos x$, $\sin x$ のマクローリン展開は，それぞれ

$$e^{ix} = 1 + ix + \frac{1}{2!}(ix)^2 + \frac{1}{3!}(ix)^3 + \frac{1}{4!}(ix)^4 + \frac{1}{5!}(ix)^5 + \ldots$$

$$= 1 - \frac{1}{2!}x^2 + \frac{1}{4!}x^4 + \ldots + i\left(x - \frac{1}{3!}x^3 + \frac{1}{5!}x^5 \ldots\right)$$

$$\cos x = 1 - \frac{1}{2!}x^2 + \frac{1}{4!}x^4 + \ldots$$

$$\sin x = x - \frac{1}{3!}x^3 + \frac{1}{5!}x^5 + \ldots$$

したがって，オイラーの公式

$$e^{ix} = \cos x + i \sin x \tag{A.2}$$

が得られる．

$i \to -i$ と符号を換えれば

$$e^{-ix} = \cos x - i \sin x \tag{A.3}$$

(A.2), (A.3) から

$$\cos x = \frac{e^{ix} + e^{-ix}}{2}, \quad \sin x = \frac{e^{ix} - e^{-ix}}{2i} \tag{A.4}$$

公式 (A.4) を利用すれば

$$\cos ix = \frac{e^x + e^{-x}}{2} = \cosh x$$

$$\sin ix = \frac{e^{-x} - e^x}{2i} = i\frac{e^x - e^{-x}}{2} = i \sinh x \tag{A.5}$$

の公式が得られる．

付録B　数学公式

Algebra

Quadratic equations

$$ax^2 + bx + c = 0 \quad \Rightarrow \quad x = \frac{-b \pm \sqrt{b^2 - 4ac}}{2a} = \frac{2c}{-b \mp \sqrt{b^2 - 4ac}}$$

Exponentials and logarithms ($\log_e \equiv \ln$, $e = 2.71828$)

$$\ln 1 = 0, \quad \ln e = 1$$
$$\ln(fg) = \ln f + \ln g$$
$$\ln \frac{g}{f} = \ln g - \ln f$$
$$\ln f^p = p \ln f$$
$$\ln f = g \quad \Leftrightarrow \quad f = e^g$$
$$\ln e^x = x$$
$$e^{\ln x} = x$$
$$e^x e^y = e^{x+y}$$
$$e^x e^{-y} = e^{x-y}$$
$$e^{-x} = \frac{1}{e^x} \quad \Leftrightarrow \quad e^x = \frac{1}{e^{-x}}$$

Binominal theorem

$$(a+b)^n = a^n + na^{n-1}b + \frac{n(n-1)}{2!}a^{n-2}b^2 + \frac{n(n-1)(n-2)}{3!}a^{n-3}b^3 + \ldots + nab^{n-1} + b^n$$
$$= \sum_{r=0}^{n} {}_nC_r a^{n-r}b^r, \quad {}_nC_r = \frac{n!}{r!(n-r)!}, \quad n! = n(n-1)(n-2)\cdots 3 \cdot 2 \cdot 1$$

Trigonometry

$$\tan x = \frac{\sin x}{\cos x}, \quad \cot x = \frac{\cos x}{\sin x}$$

$$\sec x = \frac{1}{\cos x}, \quad \csc x = \frac{1}{\sin x}$$

$$\sin^2 x + \cos^2 x = 1$$

$$\sin(x \pm y) = \sin x \cos y \pm \cos x \sin y$$

$$\cos(x \pm y) = \cos x \cos y \mp \sin x \sin y$$

$$\sin^2 x = \frac{1}{2}(1 - \cos 2x), \quad \cos^2 x = \frac{1}{2}(1 + \cos 2x)$$

$$\sin x + \sin y = 2 \sin \frac{1}{2}(x + y) \cos \frac{1}{2}(x - y)$$

$$\sin x - \sin y = 2 \cos \frac{1}{2}(x + y) \sin \frac{1}{2}(x - y)$$

$$\cos x + \cos y = 2 \cos \frac{1}{2}(x + y) \cos \frac{1}{2}(x - y)$$

$$\cos x - \cos y = -2 \sin \frac{1}{2}(x + y) \sin \frac{1}{2}(x - y)$$

$$\sin 2x = 2 \sin x \cos x$$

$$\cos 2x = \cos^2 x - \sin^2 x = 2\cos^2 x - 1 = 1 - 2\sin^2 x$$

$$e^{\pm ix} = \cos x \pm i \sin x$$

$$\cos x = \frac{e^{ix} + e^{-ix}}{2}, \quad \sin x = \frac{e^{ix} - e^{-ix}}{2i}$$

Hyperbolic functions

$$\sinh x = \frac{e^x - e^{-x}}{2}, \quad \cosh x = \frac{e^x + e^{-x}}{2}$$

$$\tanh x = \frac{\sinh x}{\cosh x}, \quad \coth x = \frac{\cosh x}{\sinh x}$$

$$\operatorname{sech} x = \frac{1}{\cosh x}, \quad \operatorname{csch} x = \frac{1}{\sinh x}$$

$$\cosh^2 x - \sinh^2 x = 1$$

$$\sinh 2x = 2 \sinh x \cosh x$$

$$\cosh 2x = \cosh^2 x + \sinh^2 x$$

Linear equations

The solution of the system

$$\begin{cases} a_{11}y_1 + a_{12}y_2 + \ldots + a_{1n}y_n = b_1 \\ a_{21}y_1 + a_{22}y_2 + \ldots + a_{2n}y_n = b_2 \\ \ldots\ldots\ldots \\ a_{n1}y_1 + a_{n2}y_2 + \ldots + a_{nn}y_n = b_n \end{cases} \Rightarrow \begin{bmatrix} a_{11} & a_{12} & \ldots & a_{1n} \\ a_{21} & a_{22} & \ldots & a_{2n} \\ \ldots & \ldots & \ldots & \ldots \\ a_{n1} & a_{n2} & \ldots & a_{nn} \end{bmatrix} \begin{bmatrix} y_1 \\ y_2 \\ . \\ y_n \end{bmatrix} = \begin{bmatrix} b_1 \\ b_2 \\ . \\ b_n \end{bmatrix}$$

is

$$y_i = \frac{1}{D} \begin{vmatrix} a_{11} & a_{12} & \ldots b_1 \ldots & a_{1n} \\ a_{21} & a_{22} & \ldots b_2 \ldots & a_{2n} \\ \ldots & \ldots & \ldots & \ldots \\ a_{n1} & a_{n2} & \ldots b_n \ldots & a_{nn} \end{vmatrix} = \sum_j (-1)^{j+i} \frac{D_{ji}}{D} b_j, \quad D \neq 0$$

$$D = \begin{vmatrix} a_{11} & a_{12} & \ldots & a_{1n} \\ a_{21} & a_{22} & \ldots & a_{2n} \\ \ldots & \ldots & \ldots & \ldots \\ a_{n1} & a_{n2} & \ldots & a_{nn} \end{vmatrix}, \quad D_{ji} = \begin{vmatrix} a_{11} & a_{12} & \ldots & a_{1i-1} & a_{1i+1} & \ldots & a_{1n} \\ a_{21} & a_{22} & \ldots & a_{2i-1} & a_{2i+1} & \ldots & a_{2n} \\ \ldots & \ldots & \ldots & \ldots & \ldots & \ldots & \ldots \\ a_{j-11} & a_{j-12} & \ldots & a_{j-1i-1} & a_{j-1i+1} & \ldots & a_{j-1n} \\ a_{j+11} & a_{j+12} & \ldots & a_{j+1i-1} & a_{j+1i+1} & \ldots & a_{j+1n} \\ \ldots & \ldots & \ldots & \ldots & \ldots & \ldots & \ldots \\ a_{n1} & a_{n2} & \ldots & a_{ni-1} & a_{ni+1} & \ldots & a_{nn} \end{vmatrix}$$

Differential Calculus

Chain rule

$$y = f(u), \quad u = g(x) \Rightarrow \frac{dy}{dx} = \frac{dy}{du} \frac{du}{dx}$$

$$(\log f)' = \frac{f'}{f}$$

Linearity

$$(af + bg)' = af' + bg'$$

Products

$$(fg)' = f'g + fg'$$

Leibniz rule

$$(fg)^{(n)} = fg^{(n)} + {}_nC_1 f' g^{(n-1)} + \ldots + {}_nC_r f^{(r)} g^{(n-r)} + \ldots + f^{(n)} g, \quad {}_nC_r = \frac{n!}{r!(n-r)!}$$

Powers and quotients

$$(f^\alpha)' = \alpha f^{\alpha-1} f'$$
$$\left(\frac{g}{f}\right)' = \frac{g'f - gf'}{f^2}$$
$$\left(\frac{1}{f}\right)' = -\frac{f'}{f^2}$$

Trigonometric functions

$$(\sin x)' = \cos x, \quad (\cos x)' = -\sin x$$
$$(\tan x)' = \frac{1}{\cos^2 x} = \sec^2 x$$
$$(\cot x)' = -\frac{1}{\sin^2 x} = -\csc^2 x$$

Inverse trigonometric functions

$$(\sin^{-1} x)' = \frac{1}{\sqrt{1-x^2}}, \quad (\cos^{-1} x)' = \frac{-1}{\sqrt{1-x^2}}$$
$$(\tan^{-1} x)' = \frac{1}{1+x^2}$$

Hyperbolic functions

$$(\sinh x)' = \cosh x, \quad (\cosh x)' = \sinh x$$

付録

$(\tanh x)' = \dfrac{1}{\cosh^2 x} = \text{sech}^2 x$

Inverse hyperbolic functions

$(\sinh^{-1} x)' = \dfrac{1}{\sqrt{x^2+1}}, \quad (\cosh^{-1} x)' = \dfrac{1}{\sqrt{x^2-1}}$

$(\tanh^{-1} x)' = \dfrac{1}{1-x^2}$

Elementary examples

$(x^\alpha)' = \alpha x^{\alpha-1}$

$(\ln x)' = \dfrac{1}{x}$

$(e^{ax})' = a e^{ax}$

$(a^x)' = a^x \ln a$

Taylor's theorem

$f(a+h) = f(a) + f'(a)h + \dfrac{1}{2!}f''(a)h^2 + \ldots + \dfrac{1}{n!}f^{(n)}(a)h^n + \ldots$

$f(x) = f(0) + f'(0)x + \dfrac{1}{2!}f''(0)x^2 + \ldots + \dfrac{1}{n!}f^{(n)}(0)x^n + \ldots$

$\dfrac{1}{1+x} = 1 - x + x^2 - x^3 + \ldots$

$\dfrac{1}{1-x} = 1 + x + x^2 + x^3 + \ldots$

$e^{ix} = 1 + ix + \dfrac{(ix)^2}{2!} + \dfrac{(ix)^3}{3!} + \ldots$

$= 1 - \dfrac{x^2}{2!} + \dfrac{x^4}{4!} - \dfrac{x^6}{6!} + \ldots + i\left(x - \dfrac{x^3}{3!} + \dfrac{x^5}{5!} - \dfrac{x^7}{7!} + \ldots\right) = \cos x + i \sin x$

$\sin x = x - \dfrac{x^3}{3!} + \dfrac{x^5}{5!} - \dfrac{x^7}{7!} + \ldots$

$\cos x = 1 - \dfrac{x^2}{2!} + \dfrac{x^4}{4!} - \dfrac{x^6}{6!} + \ldots$

$\ln(1+x) = x - \dfrac{x^2}{2} + \dfrac{x^3}{3} - \dfrac{x^4}{4} + \ldots \qquad (-1 < x \le 1)$

Integral Calculus

Linearity

$$\int (af + bg)\,dx = a\int f\,dx + b\int g\,dx$$

Integration by parts

$$\int f'g\,dx = fg - \int fg'\,dx$$

Indefinite integrals of functions

$$\int \frac{1}{x^2 + a^2}\,dx = \frac{1}{a}\tan^{-1}\frac{x}{a}$$

$$\int \frac{f'}{f}\,dx = \ln|f|$$

$$\int e^x\,dx = e^x$$

$$\int a^x\,dx = \frac{a^x}{\ln a}$$

$$\int \frac{1}{x-a}\,dx = \ln|x-a|$$

$$\int \frac{1}{(x-a)^r}\,dx = -\frac{1}{r-1}\frac{1}{(x-a)^{r-1}}, \quad r \neq 0,\,1$$

$$\int \frac{1}{x^2 - a^2}\,dx = \frac{1}{2a}\ln\left|\frac{x-a}{x+a}\right|$$

Trigonometric functions

$$\int \sin ax\,dx = -\frac{1}{a}\cos ax$$

$$\int \cos ax\,dx = \frac{1}{a}\sin ax$$

$$\int \sin^2 ax\,dx = \frac{1}{2}x - \frac{1}{4a}\sin 2ax$$

$$\int \cos^2 ax\,dx = \frac{1}{2}x + \frac{1}{4a}\sin 2ax$$

$$\int \frac{1}{\sin ax}\,dx = \frac{1}{a}\ln\left|\tan\frac{ax}{2}\right|$$

$$\int \frac{1}{\cos ax} dx = \frac{1}{a} \ln\left|\tan\left(\frac{ax}{2} + \frac{\pi}{4}\right)\right|$$

$$\int \tan ax\, dx = -\frac{1}{a} \ln|\cos ax|$$

$$\int \cot ax\, dx = \frac{1}{a} \ln|\sin ax|$$

$$\int \frac{1}{\sin^2 ax} dx = -\frac{1}{a} \cot ax$$

$$\int \frac{1}{\cos^2 ax} dx = \frac{1}{a} \tan ax$$

Exponential functions

$$\int e^{ax} dx = \frac{1}{a} e^{ax}$$

$$\int b^{ax} dx = \frac{1}{a \ln b} b^{ax}$$

$$\int \sinh ax\, dx = \frac{1}{a} \cosh ax$$

$$\int \cosh ax\, dx = \frac{1}{a} \sinh ax$$

Radicals

$$\int \frac{1}{\sqrt{a^2 - x^2}} dx = \sin^{-1}\frac{x}{a} = -\cos^{-1}\frac{x}{a} + c$$

$$\int \frac{1}{\sqrt{x^2 + a}} dx = \ln\left|x + \sqrt{x^2 + a}\right|$$

$$\int \sqrt{a^2 - x^2}\, dx = \frac{x}{2}\sqrt{a^2 - x^2} + \frac{a^2}{2} \sin^{-1}\frac{x}{a}$$

$$\int \sqrt{x^2 + a}\, dx = \frac{x}{2}\sqrt{x^2 + a} + \frac{a}{2} \ln\left|x + \sqrt{x^2 + a}\right|$$

Indeterminate forms

Let $f(x)$ and $g(x)$ each approach, for example, ∞ as x approaches ∞. If the limit on the right exists

$$\lim_{x \to a} \frac{g(x)}{f(x)} = \lim_{x \to a} \frac{g'(x)}{f'(x)} \quad (l'\text{ Hospital's rule})$$

付録C　ギリシャ文字

大文字	小文字	対応する 英文字	英語名 (英式)	発音(英式)
A	α	a	alpha	[ǽlfə]
B	β	b	beta	[bíːta]
Γ	γ	g	gamma	[gǽmə]
Δ	δ	d	delta	[déltə]
E	ε	e	epsilon	[ipsáilən, épsilɔn]
Z	ζ	z	zeta	[zíːtə]
H	η	ē	eta	[íːta]
Θ	θ, ϑ	th	theta	[θítə]
I	ι	i	iota	[aióutə]
K	κ	k	kappa	[kǽpə]
Λ	λ	l	lambda	[lǽmdə]
M	μ	m	mu	[mjuː]
N	ν	n	nu	[njuː]
Ξ	ξ	x	xi	[ksíː,(g)zai]
O	o	o	omicron	[o(u)máikrən]
Π	π	p	pi	[pai]
P	ρ	r	rho	[rou]
Σ	σ, ς	s	sigma	[sígmə]
T	τ	t	tau	[tau, tɔː]
Υ	υ	y(u)	upsilon	[juːpsáilən, júːpsilɔn]
Φ	ϕ, φ	ph	phi	[fai]
X	χ	ch	chi	[kai]
Ψ	ϕ, ψ	ps	psi	[(p)sai]
Ω	ω	ō	omega	[óumigə, ɔ́migə]

索　引

【あ】
演算子　*44*
演算子 Re　*54, 61*
演算子 Im　*61*
オイラーの公式　*16, 121*

【か】
開区間　*5*
拡散方程式　*77*
重ね合わせの原理　*75*
完全正規直交系　*11*
完全直交系　*11*
完備性　*11*
奇関数　*6*
ギブスの現象　*9*
逆演算子　*44*
逆フーリエ変換　*43*
既約分数式　*102*
逆ラプラス変換　*91, 100, 105*
逆離散フーリエ変換　*25*
共役複素数　*41*
境界条件　*73*
境界値問題　*73*
偶関数　*6*
区分的になめらか　*2*
区分的に連続　*2*
グリーン関数　*81*
クロネッカーのデルタ関数　*4, 23*
原関数　*43, 91*
合成積　*50, 99*
項別積分　*19*
項別微分　*21*
コーシーの主値　*56*

【さ】
周期2ℓの関数　*1*
周期2πの関数　*13*
収束域　*92*
収束座標　*92*
シュレーディンガーの波動方程式　*84*

【た】
初期条件　*73*
初期値問題　*73*
正規直交関数系　*27*
正規直交系　*12*
絶対可積分　*42*
線形法則　*49, 97*
像関数　*43, 91*
相似法則　*49, 97*

【た】
たたみこみ　*50, 99*
単位関数 $\theta(t)$　*80, 92*
単振動の方程式　*109*
直交性　*11*
テイラー展開　*120*
ディラックのデルタ関数　*53*
デルタ関数　*80*

【な】
二項展開　*108*
熱伝導方程式　*77, 83, 84*

【は】
パーセバル-プランシュレルの等式　*51*
パーセバルの等式　*11*
波動方程式　*73*
反転公式　*43*
左極限値　*1*
微分法則　*49, 97*
微分方程式のラプラス変換　*104*
フーリエ級数　*1*
フーリエ係数　*3*
フーリエ係数の最終性　*40*
フーリエ正弦級数　*8*
フーリエ正弦変換　*47*
フーリエ積分　*42, 44*
フーリエ変換　*43*
フーリエ余弦級数　*8*
フーリエ余弦変換　*47*
複素フーリエ級数　*16*

複素フーリエ積分　43
部分分数の方法　101
フレネルの積分公式　59
不連続点　1
閉区間　2
ヘビサイド関数　80
ヘビサイドの展開定理　102
変数分離解　74
変数分離法　74
偏微分方程式　73

【ま】
マクローリン展開　56, 120

右極限値　1

【や】
有限フーリエ級数　23
有限フーリエ係数　24

【ら】
ラプラシアン　83
ラプラス演算子　83
ラプラス変換　91
離散フーリエ変換　25
両端固定の弦の振動　73
ロピタルの公式　93

■著者紹介

石井　忠男（いしい　ただお）
　1966年　大阪大学工学部電気工学科卒業
　1970年　同大学大学院博士課程中退
　1970年　岡山大学工学部助手
　1974年　工学博士（大阪大学）

　現　在　岡山大学大学院自然科学研究科講師

　主な著書
　　『X線吸収微細構造』共著（学会出版センター，1993）
　　『EXAFSの基礎（広域X線吸収微細構造）』（裳華房，1994）
　　『固体物性学の基礎』（大学教育出版，2005）

フーリエ解析ミニマム

2005年10月30日　初版第1刷発行

■著　　者──石井忠男
■発 行 者──佐藤　守
■発 行 所──株式会社 大学教育出版
　　　　　　〒700-0953　岡山市西市855-4
　　　　　　電話(086)244-1268(代)　FAX(086)246-0294
■印刷製本──サンコー印刷㈱
■装　　丁──ティーボーンデザイン事務所

Ⓒ Tadao ISHII 2005, Printed in Japan
検印省略　　落丁・乱丁本はお取り替えいたします。
無断で本書の一部または全部を複写・複製することは禁じられています。

ISBN4-88730-656-3